U0097830

孕婦養胎寶典

懷孕、坐月子及產後半年的調理

章惠如 著

廣和坐月子

目錄

序

第一篇 養胎篇

第二篇　寶寶出生，媽媽開始體質調整工程

第三篇　乘勝追擊，產後六個月持續努力

第四篇　請教章老師，我有問題

附錄

作者序

感謝外婆，我的孩子好健康！

章惠如

我是章惠如，除了大家所知道的講師及作家身分之外，也是兩個乖巧女兒及一個善解人意兒子的媽咪，我非常感謝我的外婆莊淑旂博士，以及母親莊壽美老師，因為由她們所研究傳承下來一套獨特又有效的養胎及坐月子方法，不僅讓我生下很棒、很健康的孩子，更驚喜的是，當我真正完完全全依照這套方法來坐月子後，不僅體質得到了改善，困擾我許久的產後肥胖症竟然不再發生了！在這裡，我要再一次由衷地感謝阿媽及媽媽，並且非常高興地將我養胎及生產後坐月子的體驗分享給大家。

第一次懷孕是我三十四歲的時候，為了迎接這個新生命的到來，全家人不僅替我分擔大部分的工作，對於我的食衣住行更是呵護備至，當懷胎五個月醫生宣佈：「是個兒子」時，全家更是興奮得不得了，所有的祝福及關懷，讓我覺得自己簡直就是世界上最幸福的準媽媽！可惜好景不常，就在懷孕第七個月時，因為肚子隱隱作痛去看醫生，才知道孩子已經胎死腹中近一個禮拜了！

◆第一次懷孕的打擊

突然來的惡耗，讓我從最高、最快樂的境界，一下子跌到了最低、最悲哀的谷底，眼淚止不住的流下來，心情亦跌落到了谷底。我在先生的安排下住進醫院開始引產，痛了兩天卻只開了一指，而催生的疼痛加上心情的悲痛，使我瀕臨崩潰的邊緣。先生不忍看我如此痛苦，於是主動要求醫生開刀，終於在民國八十五年五月一日，剖腹結束我第一次的懷孕。

接下來的月子幾乎根本沒有做，大概只勉強喝了幾口阿媽要妹妹煮來的生化湯及養肝湯，莊老師仙杜康勉勉強強吃了一盒，莊老師婦寶也只吃了一盒

半，排氣後第二天就開始喝水，雖然深知阿媽坐月子的方法，心情低落的我根本也想不到這麼多了。結果是肚子沒有縮回來，體重不減反增，比懷孕前整整胖了九公斤！不僅如此，爾後以淚洗面、睡眠不足的結果使得眼睛極度疲勞、視野變窄，其他如頭痛、掉髮、手腳酸痲、腰酸背痛的毛病也全都出現了，沒想到除了喪子之痛，還要承受這種體膚上的折磨。

四個月後第二次懷孕，這次我非常謹慎，全程均戰戰兢兢，十六週即做羊膜穿刺，二十週以後，每天都注意胎動是否正常，並且平均兩週即做一次檢查，生活及飲食上也都遵從阿媽的指導：

一、每天補充天然鈣質（如大骨或魚頭熬湯），並至少吃一百公克的小魚干。

二、儘量遵守三：二：一的飲食原則，早上吃肉類、中午為魚、貝類、晚上吃蒸粥及少量的魚或雞肉（因雞肉較易消化），但每餐都須攝取蔬菜。

三、飯前及睡前做消除疲勞及脹氣的按摩（飯前休息）。

四、每天儘量散步三十分鐘（適度的運動）。

五、禁忌的食物絕不偷吃，比如：蝦子、螃蟹、蝦米、韭菜、豬肝、薏仁、生冷的（如生菜沙拉、生魚片、冰的飲料等）、刺激性的、煎的、油炸或烤焦的、太鹹或太辣的、辛香料及防腐劑含量太多的食物全部統統禁止。

六、每天定時服用「莊老師喜寶」（在當時還只是阿媽開給我的處方籤，需要自行調配、熬煮，一直到了民國八十九年，才成功的與生物科技技術結合，研發出了孕婦最方便有效的養胎聖品「莊老師喜寶」）。

◆養了胎卻沒做好月子

到了產前二個月開始安排坐月子事宜，因為婆婆堅持要親自幫我坐月子，於是我儘量與她溝通，希望能完全按照阿媽的方法來幫我做，她也欣然答應。

八十六年六月二十九日大女兒阡阡終於在大家的期盼下剖腹出世，出生時體重三千八百五十公克，而且非常健康可愛，到了此時，第一次胎死腹中的陰影才在我心中一掃而空。

排氣後，婆婆辛辛苦苦的為我準備餐點，打開後赫然發現有一尾七星鱸魚，麻油豬肝內還有好幾塊裏肌肉及一個荷包蛋！趁婆婆上洗手間，趕快打電話問阿媽是否可以吃這些東西？結果阿媽還是堅持要等到第十五天才能吃！但是婆婆特地為我烹煮的食物，又親自走路將食物送來，甚至就坐在床前滿懷關愛地要看著我吃，我怎麼忍心拒絕！

於是，我在產後第二天就開始吃魚、肉及蛋，本打算至少堅持不喝水，無奈婆婆特地遠赴北港選用當地的黑麻油（她說是最好的），薑又沒有完全爆透（只是稍微爆香一下），米酒又特地回雲林娘家搬回私釀的米酒（她說比較純），酒精成分也沒有完全揮發乾淨（她說揮發掉酒精，沒有了酒味就沒效果了），我忍耐了五天，到了第六天因為實在全身上火、口乾舌燥，所以就開始喝水，而且因為正值炎炎夏日，實在燥熱的受不了，便偷喝了冷開水，最後甚至偷喝冰涼的飲料！

而在吃東西方面，因為婆婆煮得好吃加上心情也非常愉快，所以胃口大開，幾乎從產後第一週起就大補特補，結果肚子變成了水桶肚，吃進去過多的養份又代謝不出來，體重直線上升，竟然又增加了十二公斤！

◆真棒！我和寶寶都健康

到我第三次懷孕時，體重已高達九十公斤！更令人擔心的是，醫生告訴我這回懷的是雙胞胎！當時我心裡想著：等到這次生完，體重豈不是要破百了嗎？但是為了小孩，我仍然全程小心翼翼的養胎，到了懷孕中期血壓開始升

高，血糖也超過正常指數而罹患了妊娠糖尿病，而全身水腫更令我呼吸困難又無法行動，過重的體重令我站也不能站，躺又不能躺，睡覺時每隔半小時必會痛醒（因側躺時肚子太重壓迫到骨盆而痛麻），每每在夜深人靜時獨自望著窗外夜空偷偷地流淚。

好在阿媽教我用綠豆水控制血糖，又吩咐先生煮黃耆水及紅豆湯給我來消除水腫，至於高血壓，則控制飲食及用白蘿蔔榨汁燉豬大、小腸利尿及利便來降壓，如此勉強捱到了第三十五週，醫生認為再撐下去可能會有危險，於是決定在八十七年六月十四日剖腹生產，而當時我的體重已高達一百一十六公斤了！

很令人安慰的是我生了對龍鳳胎，兒子出生時體重四千三百公克，女兒三千公克，兩人均活潑健康，完全沒有早產的跡象。事後回想起來，這都要感謝阿媽給我正確的養胎方法，使我獲得健康寶寶。

這次我決定一定要回娘家坐月子，而且委請「廣和月子餐外送服務」的專業料理師為我全程調理食補，因為方法都用對，所以這次我真的整個月子沒有喝到一滴水，吃的東西也完全按照莊博士坐月子的方法以階段性的方式來進補，絕對不去偷吃或偷喝其他任何東西，雖然一樣在夏天坐月子，可是因為吃對方法，所以也沒有任和上火的現象！

至於腹帶，這次我也真的綁了整個月子，因為體重較重，所以莊老師仙杜康整整吃了十盒，莊老師婦寶也吃了六盒。

奇蹟發生了，當我真正好好地用這套方法做完月子後，我的體重竟然減輕了三十九公斤，生產前為一百一十六公斤，坐完月子已恢復到七十七公斤，也就是說，這次我不但沒有因為生產而增加體重，反而比第三次懷孕前的九十公斤更減了十三公斤！雖然我還有七、八公斤沒有瘦下來，但是我之前所產生的

頭痛、腰痛等症狀，已經完全改善，眼睛疼痛及視野窄的現象雖然尚未完全恢復，但也已經大大的改善了。第三次懷孕被壓傷的骨盆，現在也完全恢復，並且體力大增，不再像以前，動不動就感到疲累。

現在，我三個可愛的孩子都已經上小學了，而在他們成長的這段期間，我與先生賴駿杰也攜手積極從事婦女養胎及坐月子服務的工作，就因為我們親身經歷過正確與錯誤的坐月子方法，所以我們希望能夠幫助所有的婦女朋友們，都能抓住坐月子改變體質的好機會，越生越健康、越生越美麗！

名人推薦序

摩登特效養胎與坐月法

莊壽美

◆「胎前的健康資本」需要大力的培養與投資

母親莊淑旂醫學博士用她特別而豐富的智慧，從小把我照顧得體強身壯，小小年紀十六歲起就當選職業選手，遊遍寶島的運動生涯，是奠定我「胎前」健康的大資本。

記得我年青力盛時，當時尚是非常保守的時代，而我已經是「國家級」，算是很臭屁的明星隊-群英女子排球隊的一員大將，彈力極佳，是極具威力的攻擊手，初、高中及大學時，學校的獎牌幾乎都是我的戰利品。猶清晰記得，我十八歲時，當時仍是國民政府的戒嚴時代，居然可坐上三天二夜的客貨船，遠渡重洋至香港長征，大夥都在暈船、嘔吐之際，唯獨我有著用不完的精力，非常興奮的在船上跑啊跳的，清晨去船頭迎接萬丈光芒的晨曦朝陽，讓我整天充滿著希望和活力，黃昏時，我躺仰在甲板上，欣賞著夕陽滿天的彩霞，慢慢的抖漏著我滿身的倦意。

深夜我又貪心的細數著滿天燦爛的星辰，讓思緒奔放在宇宙，天馬行空的描繪五彩繽紛的未來，澎湃的海浪沖擊著甲板和我滿懷萬丈的雄心，從十六歲起我帶著從小被保養得極好的身軀，馳聘在寶島各地，小小的職業選手，出自台北的小小女娃，又白又嫩且不可思異的，極具威力的「排球女攻擊手」，就這樣流竄江湖的做起職業選手，有錢又有閒且可玩樂天下的運動生涯，奠定我「胎前健康」的大資本。

◆養胎中愛情的滋潤對幼苗最珍貴，在愛中茁壯的胎兒最資優

二十一歲時，我如願的嫁給我夢中的白馬王子-章琦，他的純情與摯愛，感動了我少女的情懷，每天如醉如痴，詩情畫意的陶醉在浪漫的愛河中，我曾每天不斷地送小花給他；他也時常唱著醉人的情歌討好我，每天甜甜蜜蜜的過著只羨鴛鴦不羨仙的生活，不到二年，我們終於有了愛的幼苗，家人都歡欣鼓舞的雀躍著，時常我會快樂的吹起口哨，並騎著紅色的跑車（腳踏車），挺個大肚子到處兜風去（因為我太壯了，一般婦女千萬別如此喔！），一刻也閒不住，並且吱吱喳喳的到處告訴親朋好友說，我懷孕了！我懷孕了，而且是可愛的雙胞胎小公主呢！我們以歡天喜地的心情用愛、全神灌溉著小公主，她們受著愛情的滋潤，在胎中被照顧的無微不至。家母莊淑旂博士「特效的養胎秘方與坐月子法」的專業健康理論和實務，我幾乎一點也沒漏掉，例如該吃吻仔

魚、大骨熬湯等以助胎兒成長；又如，不該吃烤炸、鹹、辣及禁生冷飲食，以防生出過敏兒、氣喘兒……等，甚或不吃薏仁，以防流產……等，以及該做與不該做的事……等等，絲毫不敢馬虎，於是兩個雙胞胎小公主—惠如、敏如生下來就特別健康、乖巧、聰慧，讀書總是名列前茅，心算一～二級，頭腦非常靈光，無師自通的彈奏琵琶、吉他、電腦……創建了全世界獨一無二的體系—龐大而且完整的廣和坐月子王國，也讓我可以無憂無慮的前往世界各國安心的展覽、演講，甚至旅遊四方，想到我這聽話的孩子，戰戰競競地嚴格遵守這些「特效的養胎秘方與坐月法」，居然有這麼好的收獲，實在不得不佩服母親莊淑旂醫學博士的偉大！

之後，兩個雙胞公主長大了，也歷盡千辛的親身體驗了這套寶貴的理論，分別生了龍鳳雙胞胎與一龍雙鳳的三胞胎，而且個個都是標準體重，非常的健康，舉凡世界醫史中也是少之又少的！因此，除了感恩還是感恩，希望將此福

報與心得也能廣及回饋給所有準備懷孕，正需養胎的孕婦及正要坐月子的女性朋友，讓她們也能分享到這些寶貴的經驗與喜悅，希望親愛的準媽媽們，能和我們一樣嚴格遵守，並徹底的實踐，那麼妳們都會像我們一樣，會越生越美麗，越生越健康！在此深深的祝福大家！

廣和出版社 社長 莊壽美

寫於台北天母

↑廣和集團北區企業總部

←廣和集團中區分部

↓廣和集團南區分部

蔣孝嚴愛女 蕙蘭 推薦序

第一眼見到蔣孝嚴的長女──蕙蘭，你絕對看不出來她才剛生完兒子沒多久！一踏進她的公司，見到一位氣質美女過來招待我們，原以為她是辦公室的年輕美眉呢，沒想到她竟是蕙蘭本人！才剛剖腹生完小孩一個半月，她紅潤的氣色、纖細的身材，令人十分好奇她是怎麼辦到的？

蕙蘭溫婉的笑著說，因為我請「廣和坐月子料理外送」幫我坐月子！其實出身政治家族，在父親薰陶下處事卻非常低調的蕙蘭，能受到她這樣推崇是不容易的！她接著說：「在預定剖腹產的前兩天，因為朋友的大力推薦，我決定吃廣和坐月子料理外送餐。生產第一天，他們就把月子餐送到醫院來給我吃，我覺得非常好吃而且又很清淡，像是藥膳粥、紅豆湯、養肝湯等等，我都很愛吃，重要的是他們是針對我的狀況來特別調理，這樣的專業料理讓我吃得很安心，而且不用麻煩到婆婆及媽媽，真的非常方便！」

此外，他們還讓我搭配「莊老師仙杜康」、「莊老師婦寶」，我原本手腳容易冰冷、胃不好的體質，經過整整40天的剖腹產月子調理之後，現在竟然已經完全改善了！而且也沒有一般女人生完後腰痠的問題，這些都是我意想不到的收穫。還有「莊老師腹帶」，雖然有點麻煩啦，可是我的肚子和臀部都復原的非常快，我現在穿的褲子就是懷孕前穿的褲子！

另外，廣和的專業調理師教我一個在懷孕期間用酒精洗頭的方法，真的非常棒！就是將75%的酒精隔水溫熱後，手指纏紗布沾濕酒精，在頭皮及頭髮上搓揉按摩，清潔頭髮的效果真的非常棒，而且溫溫的不刺激，讓我在坐月子期間也能保持頭部乾爽。

我覺得「廣和坐月子料理外送」不止是非常方便，更重要的是養成了我正

確的保養觀念，包括他們教我產後恢復正常生理期之後如何正確的保養，因此廣和就像我的好朋友，隨時在我耳邊提醒我該如何寶貝自己，這對忙碌於工作及帶小孩的我來說真的非常重要！

「含飴弄孫」是我爸爸、媽媽現在最大的樂趣，他們好疼我兒子喔！此外，爸爸、媽媽和老公對於廣和給我的專業、貼心服務都讚不絕口，所以我下次再懷孕，一開始就會找廣和幫我從養胎做起，一直到坐月子。有這樣的貼心專家幫助我，我相信我會越生越健康（還有越生越美麗喔，小編誠心補充）！

知名主播敖國珠 推薦序

身為現代婦女，結婚第六年生下翔翔，由老媽照顧我坐月子，讓我兼顧了家庭和事業，開始了假日媽媽的生涯，所以第二胎的懷孕對我來說，是一件期待而完美的事，雖然辛苦出入主播工作，卻讓我甘之如貽，懷胎37週就立下要生元旦寶寶的心願，在新的年度預約甜蜜幸福四人行；果然就在十二月中剖腹產下3000公克的女娃，先果後花，成了現代好媽媽的行列……

我是一個生活實踐者，健康、美麗是我的最愛，在懷孕37週以前，因為平日注意有加的關係只讓體重增加了12公斤，基於第一胎的坐月子心得，讓自己體會到審慎選擇坐月子方式的重要性，透過多方諮詢同事及專家經驗，深知「坐月子是女人一生的大事」，不能輕忽，於是深信不疑地將坐月子大任交由專業的「廣和坐月子料理外送」來服務，由於產前養肝湯和莊老師喜寶的調理，雖然提前剖腹生產，但胎兒相當健康，這是我們家人所囑目的新力軍——

生氣十足，活力充沛，正是「追求健康，創造美麗」的廣和，給了我們一家人最好的回饋。尤其是聽到另一項「莊老師幼儿寶」的研發成功，讓天下的寶貝都可以享受這份珍品，如此的訊息，讓所有的媽媽都可以安心，正是多變不穩的環境中，打了一帖定心劑，除了感謝以外，還是由衷的感激，相信這是天下父母所樂於知道的好消息！

生產後的第一時間內，專業調理師耐心地教我滴水不沾，加上綁腹帶，一直到坐月子35天後，讓內臟及子宮得到完全上托，可以充分領悟到零負擔的好處；專業的廣和在月子餐中給了我最難忘的是油飯、糯米粥&紫米粥，不是一般坊間的品味可比擬，此外，坐月子餐點真是份量十足，由於本身從來就不偏食，只有胃口有限，家人所能品嘗到的就只有薏仁飯&紅豆湯而已，其它的「麻油豬肝、腰花、雞」「烏仔魚」或「黃花魚」都是我的最好食補，加上「莊老師婦寶」、「仙杜康」、「廣和坐月子水」等的使用，一出院就迅速掉了6公斤，坐完月子又下降了4公斤，月子期間和第一胎是顯然不同的精神狀況良好，白天上午沒有昏睡的困擾，午後稍息片刻，就神采奕奕，尤其「廣和坐月子水」的活血作用，在食用「廣和」餐點20–30分鐘後，就會開始冒汗，半夜還有踢被子的現象，真是好一個暖冬！

坐完月子後，徹底改變了我怕冷的體質，這更加證實了莊淑旂博士理論的正確性，加上讓專業的廣和來服務，才會有如此的成果，這是公司同仁有目共睹的；銷假上班的一刻，大家無不投以驚嘆的讚賞，讓自己在有意或無意埋下的伏筆中，對自己信心逐步恢復，讓生活或工作進展更加順利，這當然都要歸功於「廣和」，確信「越生越健康，越生越美麗」絕非神話，相信我周遭的親朋好友，就會成了最大的受益者，如此曼妙經驗和大家一起分享。

第一篇　養胎篇

我懷孕了

有一句話：「上帝無法照顧每個孩子，
所以祂創造了母親。」
從懷孕的那一刻起，
這個責任就與母親形影不離，
縱然二百八十天不算短，
但若以製造一個生命而言，
卻是一瞬間的——————

新生命的開始

從受精的那一剎那，新生命誕生了！接下來，由受精卵逐漸成形為胎兒，我們可藉著母體內胎兒的變化來追溯生命的歷程和軌跡。新生命的開始，即是從精子與卵子受精成為受精卵的那一剎那！

有些女性以為月經不來，就表示有喜了，事實上這並不是絕對正確的，因為月經不來，有時是有其他原因的，譬如情緒的改變、過度興奮、或是過度憂傷，都會使月經過期不來。不過，如果反過來說，懷孕後月經就不來了，這倒是正確的說法。

在月經不來時，要確定是不是已經懷孕，最簡單的方法，就是驗尿，只要月經超過一、二天沒有來，就可以檢查，而且只要三分鐘，就可以知道結果。

一但懷孕，女性的生理上就開始起了變化，最早的改變是生殖器官的變化，差不多在懷孕第八週開始，生殖器官會有充血的情形，檢查時，可以看出子宮頸會有紫色斑，而且這個時候，多半的人會有噁心、嘔吐的情形，同時會感到比較容易疲倦；由於子宮慢慢增大的關係，會壓迫到直腸和膀胱，所以排便的習慣可能會改變，排尿的次數也會增加，常常一、二個鐘頭就想排尿。

有時候，這種懷孕期的嘔吐會很厲害，甚至於東西都不能吃，這種妊娠嘔吐是因為內分泌改變的關係，除此之外，生活及飲食方式不正確導致體內產生「脹氣」、或是心理因素的影響也很大。一般說來，這種嘔吐多半在懷孕三個半月到四個月時會自然痊癒，以後則胃口大開，所以這段時間，只要維持體重，調整飲食習慣及生活作息，並且多攝取胎兒成長所需的養分，就算媽媽本身不增胖也無所謂！

當妳知道懷孕了之後，要特別注意下列的事項：

一、不可以隨便服藥，有病必須請教醫師。

二、不要隨便照X光。

三、不要做任何的預防注射。

此外最好能按照時間做產前檢查。

產前檢查

古時候，人類的生產就像其他動物一樣任由殘酷的自然去支配。就是現在在某些落後的地區，婦女生產時，仍由自己來處理。隨著文明的進步，才由有經驗的婦女在旁協助，這就是今日助產士和產科醫師的由來。一直到最近，產前檢查才成為大家能夠接受的醫療行為。

產前檢查不但能夠防止胎兒的殘障，並能讓母親和胎兒，在分娩時都能順利和安全。其目的有三：

一、處理已發現到的異常。

二、早期發現疾病。
三、幫助產婦做養育後代的心理準備。

為了要能夠及早發覺胎兒的異常和母親的疾病，各大婦產科醫院均有詳盡的產前檢查項目，大抵可依懷孕的過程，分為早期、中期和末期三個階段。

在懷孕初期，產前檢查最主要的是須知：

一、孕婦是否適宜懷孕？
二、孕婦是否有其他疾病？
三、孕婦是否確實懷孕？

因此，在婦女月經沒如期來後不久，到醫院檢查時，就須要做：

一、詳盡的病史。
二、身體檢查。
三、各項檢驗：如驗尿、驗血及體重測量……等等。

在懷孕中期，必須注意的是：

一、母體的健康。

二、胎兒的成長。

三、胎兒的異常。

在懷孕的後期，我們所要達到的目標是：

一、孕婦的健康。

二、胎兒能否順利生產。

三、胎兒產後是否會生存。

產前檢查，在懷孕二十八週以前，最好每四週做一次。在28~36週時，則每兩週做一次。36~40週時，則須每週做一次。以確保孕婦和胎兒的安全。

每個孕婦都希望生下一個健康正常的孩子，就必須常做產前檢查。醫師會提醒妳不可吃某些東西，以免使胎兒畸形，還會告訴妳孩子長得好不好，最重要的是他能替你預防許多疾病的發生，使你和胎兒都不會受到危害。

孕期的生理變化

多數的婦女都知道，懷孕後身體會有許多的變化，但只有少數人正確的了解這些變化，因此往往變得很敏感，總認為自己出了不少的毛病，而真正須注意的危險情況卻忽略了！故於此，就生理上明顯與不明顯的變化作一簡單的說明：

一般的變化

1 體重增加：

最初三個月，因多數人都有「妊娠嘔吐」的情形，體重有時未增加，反而減

少，但一般都差不多增加一公斤左右，以後則增加較多，至生產時，約可增加十二—十四公斤左右，如增加太多，應予控制，以免胎兒太大，或影響母親日後身材的恢復。

2 情緒的改變：

懷孕後，常變得易激動、易怒、憂慮…等，不過由於孕婦對孩子的期望，丈夫或親戚的關心及慰問，以及對醫護人員的信賴等，大都能圓滿的經過此過程。

3 皮膚：

懷孕五個月以後，因腹部的脹大，引起皮膚斷裂，而成紫黃色的斑紋，稱為妊娠紋，有時大腿，臀部亦有此現象，通常於分娩後則逐漸變為白色。此外，腹中線的顏色也會加深，這是因為皮膚色素沈澱的關係，甚至於連疤痕的顏色也變深，更有許多孕婦，臉上出現雀斑或妊娠斑，加上汗腺分泌旺盛，也比較容易出汗。

4 消化系統：

自懷孕第六週起，有些孕婦會覺得噁心、嘔吐，尤其是早上起床尚空腹時，有時亦有胃灼熱的感覺。一般約須至四個月後，才逐漸好轉，以後則胃口大開，同時，飲食的嗜好也會改變。

5 泌尿系統：

在懷孕的前三個月及最後三個月，會感覺排尿的次數增加許多，這是因為膀胱受到壓迫所致，有時晚上睡覺時，須爬起五、六次，而且因輸尿管也受到壓迫，排尿時，尿常無法完全排出。

6 呼吸系統：

子宮增大後，將橫隔膜往上擠壓，故呼吸常感迫促，上樓梯時更甚，脈搏

也略有增加，體溫也較平時稍高。

7 循環系統：

「妊娠性貧血」的發生，是多數孕婦都有的。這是因為懷孕後循環血量雖然增加百分之二十，但血中的水份也增加，故血色素就相對的減低，所以許多孕婦常感頭暈、或時而暈厥。此外，心臟的負擔也會增加，但正常情況下並無不適的情形發生，只是偶感心悸。

局部的變化

1 乳房充血、發脹、有壓痛、且較為敏感，乳暈處增大，顏色變深，乳頭亦變成暗褐色，在懷孕六個月後，常可擠出少許半透明的液體。

2 陰道組織增厚、變色、且變軟，分泌物也增加，故婦女於懷孕後常感白帶增加，即為此因。

3子宮逐漸增大，開始時速度較慢，三個月後子宮即可出骨盆腔，此時，由外表就可看出隆起的腹部，而且輸卵管和卵巢也會跟著充血及肥大。

4子宮頸口變軟，且呈暗紅色，而且黏液的分泌亦增多。

內分泌的變化

妊娠期中，有新的內分泌腺形成，即妊娠黃體和胎盤，此種新增加的腺體，會影響體內原有的分泌腺，使其作用發生不同程度的改變，並且會影響妊娠的發展和孕婦的外觀。

懷胎十月母體的變化

一～二個月

◎陰道分泌物增加，乳房和乳頭變大，而且非常敏感。

◎孕吐開始，喜歡吃酸的食物；對食物的嗜好改變。

◎月經已停止，但少數人第一個月尚有少量的月經樣出血。
◎子宮約如鵝蛋大小。

三個月

◎孕吐增強，脾氣變得焦躁，情緒極端不穩定。
◎小便次數增加，間隔接近；容易便秘。
◎容易有頭痛、腰痛、關節痛等現象；害喜到這個月末可消除。
◎子宮如拳頭大小，母體外型尚無變化。

四個月

◎乳房逐漸膨大，乳頭和乳頭周圍變成暗褐色。
◎子宮內胎盤發育完成，即將進入安定期。
◎子宮變得像一個小孩的頭那麼大。用手輕按下腹時，可以感到子宮已經變得很硬。

五個月

◎由五個半月起，不論自己或別人都會看出腹部逐漸膨大。

◎雖然知道有胎動，但不到月末仍聽不出胎兒的心音。

◎經產婦比初產婦早感覺胎動，初產婦往往到了第六個月才有感覺。

◎子宮約有大人的頭大。位置高達肚臍以下、橫兩根手指的地方。

六個月

◎此時是流產最少的安定時期，但需要適當的運動。

◎下肢及外陰的部位有紫色浮腫，這是因懷孕而產生的靜脈瘤。

◎子宮底長度約為18~20公分。(子宮底的高度就是由恥骨至子宮上端的尺寸)。

七個月

◎容易發生痔瘡。

◎雙胎懷孕在這時候容易診察出，因體重增加相當多。

◎子宮底的長度約為21～24公分；膨大的下腹已相當醒目。

八個月

◎此時容易發生妊娠毒血症。

◎長時間站立下肢會發生浮腫，故需要多休息。

◎乳房及下腹部會發生紅色筋，此謂妊娠紋。

◎乳房、下腹及外陰部的顏色沈著。

◎子宮底長度約為25～28公分

九個月

◎乳腺有時會有奶汁排出，應輕輕拭擦保持清潔。

◎子宮底已上昇到心窩的部位；子宮底的長度約28~30公分。

十個月

◎懷孕末期的體重比懷孕前增加約12-14公斤。

◎有時腹部會感覺不規則的緊張。

◎為了便於生產，產道已經充血，變得非常柔軟，而且容易伸張。

◎十個月末子宮底約為32~34公分，此時子宮下降，胃的壓迫感減少。

孕婦飲食與生活管理

從懷孕的那一剎那起
腹中的生命誕生了！
小小的生命緊緊依附在妳的懷裡，
這時，只有最親愛的嗎咪
獨一無二
可以讓小生命完美成長！
再怎麼辛苦，
也要做好「養胎」的功課，
然後快樂等著與寶貝相見！

養胎的重要性

所謂「養胎」就是婦女在懷孕期間正確的飲食、生活及消除疲勞的方法，而其中又以孕婦的飲食管理最為重要，因為胎兒成長所需的養分來源，唯一的管道就是母體，也就是說：媽媽吃什麼，小貝比就吸收什麼！所以想要小貝比出生之後先天體質高人一等，就要看媽媽懂不懂得在懷孕期間做好飲食管理，提供給小貝比既正確又充足的養分。

一至四個月該注意什麼？

眾所周知，懷孕期間的飲食十分重要。但並非隨著孕婦本身的好惡任性而為，更非一般所認為的「餓了就吃」、「一天吃五餐」。最好的方式是按照莊淑旂博士所提倡的3:2:1飲食原則——若把晚餐分量當成一份，那麼早餐就要吃到晚餐分量的三倍，午餐則為兩倍，換成口語化，即為「早餐要吃得好，中餐要吃得飽，晚餐要吃得少」，至於宵夜則一定禁止。因為吃了宵夜，使腸胃無法休息，容易產生脹氣，並且會影響到睡眠品質，間接使孕婦出現便祕、頭痛、胃痛等症狀。

由於生活的步調的影響，大多數人都是早餐草草解決或不吃，午餐以填飽為主，晚上下班回家全家團聚，於是吃下一天中最豐盛的一餐。這樣的習慣到了懷孕，一定要改過來！

為了讓早上有能量工作，早餐最好吃富含蛋白質及熱量的食物，以肉類及內臟類為主；到了中餐，口味及營養由魚、貝、海鮮類負責供給；晚餐因為是一天中的最少量，而且為了減輕腸胃的負荷，最好以清淡為主，能少吃盡量少吃，尤其是大塊魚、肉，更應避免。在初期適應期，可以加入少量絞肉混合干

貝蒸粥，待慢慢適應後，再逐步降低肉的份量。除此之外，每一餐中，都必須吃一大盤青菜，使營養的攝取完整。

懷孕初期的第二個守則是生活一定要規律。不論過去生活有多偏差，一但發現懷孕，就要盡量調整過來。早晨起床後、早餐前先進行散步，採一直線走路法；中午如有午睡習慣，須改變過去吃完再睡的方式，因為那樣會更疲勞。最好的方法是先午休二十至四十分鐘，職業婦女如果能躺下休息最好，如果不方便，則全身放鬆閉目養神，然後再吃午餐，吃完後休息五分鐘再工作。

第三，工作量大者，須先調整工作內容。

第四，勿跑、跳、騎腳踏車；提超過二十公斤的重物，盡可能請人代勞，萬不得已非自己來，也可改為雙肩背或用手推車；手勿高舉、墊腳尖，因會造成韌帶伸展，易流產。

第五，勿長途坐車，只要超過四十分鐘者就算。因為車行顛簸加上長時間坐著容易造成內臟下垂，在懷孕末期還易有腰骨酸痛的情形，至於中期（約四至六個月），因情況較安定，所以可以坐久一點。

第六，盡量避免抱小孩。這一點對很多懷第二胎的婦女較難做到，就需要家人的多多配合，以便一起迎接健康的小生命。

第七，沐浴方式須採淋浴，以蓮蓬頭沖腋下、脖子（甲狀腺處）及鼠蹊部，水不可過熱或過冷。為減輕孕婦一天的疲勞，可以採用莊淑旂博士推廣的「沖腳法」，方法如下：

1 孕婦準備一張高度合宜的椅子坐著。

2 以蓮蓬頭沖腳踝周圍、後腳跟、腳指間及腳底板，各沖三次，以冷熱水交替，每次沖十至二十秒。如果疲勞的情形嚴重，可以在沖後腳跟時，採用較熱的水。由於全身穴道都可在腳底找到，因此沖腳可以促進血液循環，解除身體上的不適。

第八，睡前進行簡單的按摩。這部份將在後面章節中詳細介紹。

五至九個月該注意什麼

對孕婦而言，懷孕初期是最不穩定的時期，所以，生活起居、休閒娛樂、飲食作息都要在「安全控管」之下進行，如長時期搭車在懷孕初期就是要盡量避免的；但懷孕到了中期，因為屬於安定期，所以，可以進行旅行活動。不過，前幾週談的飲食原則須維持不變。因此時肚子漸大，中餐、晚餐前仍須躺下休息十分鐘，讓腰椎及骨盆腔獲得充分休息，避免壓傷，而且，所有的按摩活動也應盡量照舊。

常有人質疑，到底安胎飲該不該喝?因為這部分的理論，中西醫有不同的看法。不過，有人謂喝了安胎飲會造成流產。據莊博士的說法，安胎飲造成流產的原因，主要是因為胚胎本來就不好，當然，最保險的方式，還是找合格的中醫師把脈後再開處方。

為了維護母體與胎兒的健康，安胎飲最好早點喝，喝法是：懷孕第四個月喝四帖、第五個月喝五帖，依此類推，一直喝到第八個月八帖為止，至於哪幾天喝，則自己依時間調配。安胎飲在一般的中藥店就有，即所謂的十三味。

懷孕到了末期，肚子裡的小貝比長得特別快，許多孕婦因此刻意多吃，結果卻造成媽媽虛胖、小貝比不夠大，都是因為吃的方法及東西都不對。

為了讓小貝比能得到真正需要的營養，不僅須遵守飲食3：2：1原則，晚上尤其不能吃大魚大肉，而是吃高鈣、高蛋白蒸粥，再加上一大盤蔬菜，如此媽媽不虛胖，此時正長肌肉的寶寶，又能獲得營養，養成良好體質。

●大骨熬湯

所謂高鈣高蛋白蒸粥，高鈣，指的是用大骨熬湯。作法如下：

整副豬骨（含豬大骨、脊椎骨、龍骨、尾冬骨），加上小魚干（分量為豬骨的十分之一）及十二倍的水，合燉六小時，中間可加一或兩匙白醋，使豬骨中的鈣質釋放出來。

為方便熬煮，最好用大鍋燉，先開大火煮開後，以中火加蓋燉六小時。待冷卻後，再分袋放冷凍庫，當成料理的湯頭。要煮的前一晚，再拿出來退冰，省事又符合衛生原則。

●高鈣高蛋白蒸粥

材料：高鈣湯頭一袋；米適量（用糙米更好）；吻魚、干貝、蚵、魚片、瘦肉等變換食用（總重約為一百公克）；蘿蔔絲、高麗菜、山藥等適量蔬菜。

作法：1 將湯頭解凍後，放入所有材料熬煮。

2 煮好後，加少許芹菜末、白胡椒粉刺激腸胃蠕動，但須注意，不可用黑胡椒粉代替，因為會過於刺激。

3 如果怕份量不夠，可以在粥裡再加一點肉絲。

產前一個月該注意什麼

懷孕末期對孕婦來說是最難捱的時後，肚子太大行動不便之外，伴隨而來的各種症狀也令孕婦感到不舒服，不過，再怎麼不耐，孕婦還是得忍耐，想想看，再不久，一個可愛白胖的小寶貝就要降臨了，怎不令人興奮呢？再從另一個角度看，生出來後，養育上的種種生疏與不便，說不定，妳反而會寧願它待在肚子裡呢！

在懷孕到第八個月，就要開始為生產而準備。一方面要做「涼補」的工作，改善體質；再者，如有任何症狀，就要以改善症狀為主。

產前如何涼補

以喝蜂蜜水為主，調理方法為：以室溫或微冰的冷開水，倒入濃淡適中的蜂蜜調勻即可。蜂蜜的分量可依個人喜愛加減。但開水絕不可用溫開水或熱開水，因為用此溫度調蜂蜜水，孕婦喝了容易產生脹氣或拉肚子。

蜂蜜水的用途不少，尤其在生產時更有妙用。最好在赴醫院生產前，預先準備好一百六十西西的熱開水，加入愈濃愈好的蜂蜜（約兩百西西，以能容忍的極限為主）調成濃稠的蜂蜜水，在產前陣痛開始、開兩指破水之後喝，可以幫助縮短產程、減少痛苦，不過此法只限自然產，據試用過的產婦表示，效果很不錯。

高齡產婦預備動作

此處所指的「高齡」是指三十六歲以上，適用此準備法的還包括多胞胎、胎位不正、習慣性流產，而要採取自然產的產婦。方法很簡單，只要在產前準備人蔘酒，生產前再加入蜂蜜調勻喝下即可。

製作人蔘酒須在產前一個月，以十公克人蔘加一百西西米酒，密封一個月，當陣痛一開始即隔水蒸一個小時（內鍋及外鍋均須加蓋），喝前加入兩百西西蜂蜜（以能忍耐的程度為限，但原則上愈濃愈好），喝了後可以增加體力，有助縮短產程。人蔘可增加體力，但產後絕對不可以吃人蔘。

剖腹產預備動作

剖腹產除了動刀的問題外，最令產婦顧忌的是麻醉手術，因為根據中醫師的說法，麻藥並不會隨著新陳代謝排出，長此以往，對健康當然有負面作用，而「養肝湯」正好在此時派上用場。養肝湯可以排解麻藥的毒性，也可減輕手術後的疼痛，孕婦一定要記得喝。其實養肝湯對自然產的產婦也有幫助，因為喝了養肝湯生出來的小貝比皮膚都很好，準媽媽不妨一試。

養肝湯的作法

每天用紅棗七顆，洗淨，每顆以小刀劃出七條直紋幫助養分溢出，然後用滾水兩百八十西西加蓋浸泡八個小時以上，接著再加蓋隔水蒸一個小時即成。為免夏天天熱，水易變質，浸泡時最好把養肝湯連容器一起放進冷藏室。

養肝湯的喝法

不論自然產或剖腹產，須在產前十天開始喝，每天喝兩百八十西西，冷熱皆可，一天分二至三次喝完。產後仍須持續喝兩個星期，不過要把滾水換成煮過、酒精完全蒸發的米酒水或「廣和坐月子水」。養肝湯雖好，卻不能太早喝，因為會上火。同樣的，紅棗的數量也不能多，七顆剛剛好，多了一樣上火。

坐月子預備動作

小貝比快迸出來了，有心好好養胎的父母，想必對於孩子出生時的一切也有計畫地進行中。在此須提醒新科父母，須在坐月子前二個月做好準備：

1 坐月子的飲食要事先安排好。坐月子是女人一生中，改變體質三大機會之一，所以，是家人煮？到坐月子中心？或者找專人負責，都需要事先安排。月子做得好，身體也能獲得改善。

2 對於坐月子時的生活安排，也要預做心理準備。因為坐月子時一定要躺臥床上，如果自己躺不住，最後受害的還是自己。所以，必須要能耐得住。

3 小貝比的照料：最好的方式是安排他人照顧，這個好處是產婦可以獲得充分休息，千萬別因為滿溢的母愛而輕忽了這項安排。很多產婦月子做不好，都和自己要帶孩子有關，而且長時間抱孩子，以及抱起放下的動作，都會讓產婦日後腰痠背痛。

吃出頭好壯壯的寶寶

什麼能吃、什麼不能吃
都有道理可循；
什麼好吃、什麼不好吃
卻只有媽媽才能體會。
但為了讓孩子有優良的體質
面對這個惡劣的環境，
再怎麼不願意，
依然只能硬著頭皮——下嚥

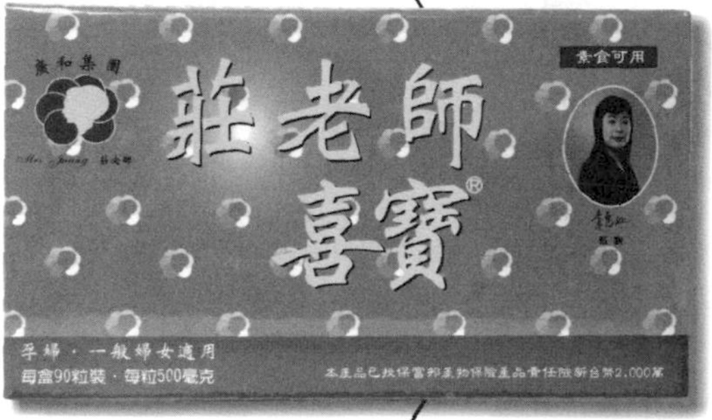
養和集團
素食可用
莊老師
喜寶®
孕婦・一般婦女適用
每盒90粒裝・每粒500毫克

養胎飲食要訣

孕婦在懷孕期間，需要有意識補充的養分有三項：

1 **天然鈣質**：可避免媽媽鈣質流失、骨質疏鬆，並且提供給小貝比成長骨骼。

2 **高蛋白質**：提供小貝比成長肌肉及內臟。

3 **大量蔬菜**：每日須攝取三大盤蔬菜來提高媽媽的代謝力，以便小貝比充分吸收成長所需的養分。

從頭到尾都得鈣--孕婦補充鈣質的重要性

養胎飲食要訣中，補充大量的天然鈣質可以說是最重要的一項，因為小貝比在媽媽的肚子理，從完全沒有，到形成一個胎兒長出完整的骨骼，需要超大量的鈣質，而小貝比才不管媽媽本身的鈣質夠還是不夠，他要吸收，就會從母體直接吸收，這時，如果準媽媽不懂得用正確的方法來補充鈣質，而一昧的只懂得付出，就會產生二種結果：

1 小貝比因為鈣質吸收量不足，容易造成發育不良。

2 媽媽本身生產後容易造成腰酸背痛、鈣質流失、骨質疏鬆、未老先衰，甚至會提早更年期！

所以補充天然鈣質是每一位準媽媽必要做的功課。

孕婦補鈣的方法

孕婦補充鈣質的前提是：必須補充天然鈣質！因為一般含有化學成分的鈣片不容易被母體所吸收，媽媽都吸收不到了，小貝比當然更吸收不到！況且醫

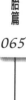

學證明，服用過多含有化學成分的藥品，會對人體的肝臟、腎臟造成負擔，所以每一位準媽媽都應該按照以下的方法來補充天然鈣質。

天然鈣質補充法有四種，須全部都做，才能完整的做好養胎的功課。

一、大骨熬湯：

材料：一隻豬的全副大骨（含四隻大腿骨、脊椎骨、肋骨、尾冬骨及尾巴）、小魚干（丁香魚）600公克、白醋100cc、水。

作法：將豬骨洗淨、川燙後敲裂痕放入鍋中，加入小魚干，再加入材料體積約12-15倍的水，最後加入100cc的白醋，加蓋，以大火煮滾後改以中火滾6小時即可。

吃法：待大骨湯冷卻後，去除大骨及小魚干，只取湯，平均分成15份，放入冷凍庫保存，每日取一份食用。

備註：

1 做一次大骨湯為一個孕婦及胎兒15日的份量。

2 豬骨亦可更換成牛骨、雞骨、或大魚頭，但須注意份量須充足。

3 可將大骨熬湯當成料理食物的湯頭或直接服用，但注意須每日服用不可間斷，才能達到養胎的目的。

二、每天食用一百公克的小魚干或吻仔魚。

三、鮮奶、羊奶或奶粉，每日三次，每次150cc。

四、服用莊老師喜寶，每日三顆，連續十個月：

莊老師喜寶是用生物科技的技術，萃取出天然的鈣質，再濃縮成粉末做成膠囊，是純天然的食品，喜寶經檢驗證明，每一百公克所含天然鈣量是大骨熬

湯的10000倍，是孕婦最方便、最有效的天然養胎聖品，建議準媽媽不論目前懷孕幾個月，均連續服用十個月的喜寶來補充流失與不足的鈣質（註：喜寶一盒90顆，為30日量）。

孕婦可多吃的食物

蓮藕、白蘿蔔、紅蘿蔔、白菜、黃瓜、香菇、海帶、貝類、魚類、小魚干、大骨、排骨、鮮奶、蔬菜、雞肫、糙米、莊老師喜寶…。

蓮藕可以鎮定神經，幫助排便，促進新陳代謝，消除脹氣，使賀爾蒙協調；白蘿蔔可以消除脹氣，利尿；紅蘿蔔可消除眼睛疲勞，增加小腸吸收功能；白菜、黃瓜為涼性食物，可中和孕婦體溫，消除脹氣，增加代謝力；香菇可促進新陳代謝並防癌；海帶則富含碘而列入建議；干貝（貝類）有安定神經的功效；魚類除含豐富的鈣質外，還可補充蛋白質；大骨、排骨、小魚干及鮮奶可補充鈣質；蔬菜可增加代謝力，排除體內毒素；雞肫可以幫助消化吸收，但處理時須注意，必須完全洗淨，並留下「雞內金」（即裏面的黃膜）；糙米可增加代謝力；莊老師喜寶含天然鈣量為大骨湯的10000倍，除可補充鈣質外，亦提供了孕婦所需的蛋白質，並可提高代謝力。

孕婦除可多吃以上食物外，還須遵守3：2：1的飲食原則，也就是將一日食用的份量分成六份，則早上吃三份，且以肉類為主食，並須配上肉類二倍以上的蔬菜；中午二份，以魚類為主食，同樣須搭配蔬菜；晚餐份量為一，以貝類及小魚或蘿蔔汁蒸粥為主食，並搭配一大盤蔬菜。

另外在烹調的方法上，宜多以蒸、煮、燙、炒等方式料理，並最好能選擇單一味飲食，即鹹、甜、酸、辣等味道不要混和烹調食物。

就算嘴饞也不能動口的食物

1 蝦（含蝦米）、蟹：

蝦蟹的賀爾蒙十分旺盛，對於因懷孕而處於賀爾蒙分泌不協調狀態的孕婦來說，最好不要吃，因為容易造成賀爾蒙失調。

2 豬肝：

乃破血之效，許多人認為它補血，事實上它是破血（化血）的，所以懷孕初期大量吃豬肝，易導致早期流產，中期易生過敏兒，末期易導致早產。

3 生冷及冰的食物：

雖然產前需要涼補，但指的是食物的性屬涼性，並非指生冷或冰的食物；生魚片、生菜類等生冷的食物，因未經消毒殺菌，容易造成拉肚子；冰的食物及飲品，會影響胎兒氣管發育，容易生出過敏兒。

4 太鹹、太辣、烤焦及油炸的食物：

太鹹、太辣者對胎兒太刺激；烤焦者對上呼吸器官神經粘膜有影響，兩者都易造成過敏體質。

5 薏仁：

其作用為消除體內異常細胞，但因受精卵對人體來說，並不是正常細胞，薏仁的功效恐怕會抑制受精卵的成長，所以應儘量避免攝取。

6 韭菜、麥芽（糖）：

產後退奶時很有效，但孕婦食用會影響賀爾蒙的分泌，且易造成噁心、嘔吐。

養胎聖品--「莊老師喜寶」

莊老師「喜寶」是台灣廣和集團經過多年潛心研製，並得到眾多消費者認可的孕婦理想保胎營養食品。內含天然冬蟲夏草、珍珠粉、果寡糖、孢子型乳酸菌等天然成分，營養成分高，特別適合孕婦以及胎兒對鈣質及蛋白質的吸收，使孕婦免除骨質疏鬆的煩惱，讓胎兒在出生前就達到補鈣的目的，絕不含任何人工化學成分，品質安全可靠！婦女於懷孕期間，每日只要服用三粒、三餐飯前各服一粒，就能達到養胎的目的，可以說是孕婦最方便、最有效的孕期養胎聖品！

附註：1 孕婦於懷孕期間每日三粒，飯前各服一粒。產婦及更年期婦女每日早晚各服兩粒。

2 本產品採膠囊包裝，為純天然的食品，每盒90粒，對膠囊不適者可拔除膠囊服用，沖泡溫開水服用亦可。

一日三餐都好吃早餐、中餐、晚餐建議食譜

■早餐　一天中最精彩的一餐

除了西式早餐，中式早餐大多是稀飯配上醬菜打發，這個方法到了懷孕期就要再檢討了，原因是吃不飽，工作到了上午十點多，肚子就餓了，於是只好再塞些餅干、麵包，或吃小吃打發；時間到了中午，問題來了，因為午飯前最好先休息二十分鐘再進食，可是因為上午吃過的東西尚未消化，於是午休品質相形降低，更影響中午的食欲，中午沒吃飽，下午又得再填肚子，一整天就這樣惡性循環，沒有一餐能夠吃得對又吃得剛好。

因此，懷孕期間的早餐，最好改為乾飯，而且是糙米飯，因為糙米可以加強新陳代謝，孩子吸收得到營養。

早餐菜色以肉類為主，為避免吃膩，可以豬牛雞羊等各種肉類交叉食用。分量約為一百至一百五十公克，可視個人狀況增減，但平均在兩百公克以內最佳；蔬菜類是主菜的二至三倍（每餐皆如此），除了綠色蔬菜外，其他如蘿蔔、海帶、蓮藕、馬鈴薯等蔬菜都是。

●推荐食譜

醃肉蒸飯

前一晚把已切好的肉類放進容器，加入比率為十比一的米酒和鹽巴醃，醃料須蓋過肉，再加蒜末殺菌。

早晨起床散步前，先把米洗好，菜洗切好，將醃肉與米飯以一上一下的方式放進傳統電鍋，出門前按下開關，散步後，再燙或炒個青菜，就是一頓營養豐富的早餐。

蘿蔔排骨湯燙肉

前一晚先熬好一鍋蘿蔔排骨湯（亦可用其他湯代替），並且將肉拿至冷藏室退冰；第二天一早把湯加熱，然後把肉放進湯內燙熟。散步前先把飯煮上、菜洗切好，回來後很快就有東西可吃。

待肉燙熟、蔬菜燙或炒好後，吃之前，在盤子表面抹上一層薄鹽，將燙好的肉放進盤子沾鹽吃，有肉有菜，還有富含鈣質的湯可以喝！好了，準備開始一天的忙碌吧！

■午餐　海鮮貝類主打的輕午餐

孕婦的午餐以魚、貝類等海鮮為主，但須避免食用蝦蟹，因為會造成胎兒過敏體質，生魚片也在禁止之列，以免因殺菌不完全，受到感染。

每天吃魚的好處多多，尤其是補充鈣質與DNA，報導上多有批露。為免吃膩，不同魚類與貝類可以換著吃，作法上最好用蒸或煮的，炒或煎的容易吸收多餘油脂，僅可偶一為之。

以下為推荐食譜，事實上，中餐只要謹守飲食比率3:2:1原則，以海鮮貝類為主，再加上一大盤的蔬菜，營養就很完整。

●推荐食譜

干貝白蘿蔔排骨湯

材料：白蘿蔔（亦可換成蓮藕）、排骨等重，干貝為材料的十分之一分量，例如白蘿蔔汁（或蓮藕）與排骨的總重量是四百克，那麼干貝就放四十克，依此類推。

作法：上述食材處理過後，放進鍋裡燉兩個小時以上，即成。

在一般人的印象中，白蘿蔔屬涼性的食材，吃多了會【太涼】。其實，【產前涼補，產後熱補】才是正確觀念，而且白蘿蔔可以消除脹氣，減輕懷孕期間的不適感，因此，在孕期中，不少建議食譜將用到白蘿蔔或白蘿蔔榨汁。

干貝的作用是鎮定神經；加了排骨可吸收鈣質，而替換白蘿蔔的蓮藕，除了安定神經，還能幫助排便，容易感冒、有過敏體質的孕婦更應大量攝取。

翡翠魚羹

材料：雪裡紅切碎、嫩豆腐一塊、黃魚一尾（此法用黃魚做最好吃，亦可用雪魚）肉片切成一點五公分見方、少量竹筍切成絲狀、薑片兩三片。

作法：

1 用水煮薑片，待水開後續煮一分鐘，撈起薑。

2 放進其餘材料，煮開後，放適量的鹽，再以太白粉勾芡即可。

清蒸鱈魚

材料：鱈魚一片，少量蔥段、薑片、大蒜。

作法：

1 將鱈魚洗淨，抹少量鹽。若不想抹鹽，可以少量豆豉、加一點醬油代替。

2淋少量酒，加上蔥段、薑片及大蒜。隔水蒸十五分鐘即可。

■晚餐　只要營養不要負擔

晚餐須吃一天中的最少量，以清淡為主，謝絕大魚大肉，好讓腸胃休息。尤其是上班族，更要改掉過去拿晚餐當重頭戲的作法。一旦腸胃通了，身體的不適自然改善。以下的推荐食譜可以替換成白稀飯，菜色則以清淡為宜，並且仍須搭配大量蔬菜。

●推荐食譜

白蘿蔔汁干貝蒸粥

材料：米杯半、白蘿蔔汁三杯（須純汁，亦可與紅蘿蔔汁各一杯半）、干貝一個（可在上午出門前先泡熱水）、香菇絲少許、山藥、紅蘿蔔絲、高麗菜適量。

作法：

1 所有材料混合，蒸一個小時。如果使用傳統電鍋，則在外鍋加八分滿的水蒸，才能蒸足一個小時。

2 起鍋前加適量鹽及少量白胡椒粉。

白蘿蔔汁的分量約為米的五至七倍左右。此蒸粥可以預防或減輕害喜症狀，輔助排氣；加少量白胡椒粉可以促進腸胃蠕動，但絕不可加黑胡椒粉，會太過刺激。

除了干貝，吻魚或其他海鮮類均可代替。對於體形瘦弱、較無體力者，可以將白蘿蔔汁的一半分量換成紅蘿蔔汁。

飲食習慣改變初期，可能會不適應，而且晚上會感到肚子餓，所以，建議加上蒸肉餅，方法如下：豬或雞的絞肉一百克以內、破布仔（分量為肉的十分之一）、少量醬油、少量水，將上述材料混合後，蒸十五至二十分鐘即可。

讓媽媽身心，舒暢的馬殺雞

「按摩」，表面上看來只是肢體動作，
但其間所牽動的影響，
只是孕婦才能心領神會；
同樣地，
爸爸出動為媽媽按摩，
每一步驟所蘊含的愛意，
卻是連肚子裡的小貝比都能感受得到——

請爸爸盡心力

孕婦在懷孕期間要保持心情愉快，其實是一件不容易的事，由於體形及荷爾蒙的改變，一些常見的症狀如頭痛、脹氣、食慾不振、勞累，甚至腰痠背痛等，都會直接、間接影響孕婦的心情與對食物的攝取；要改善這些症狀，除了可以從飲食著手外，飯前及睡前的按摩也可以有立竿見影的效果。

經莊淑旂博士設計的飯前按摩，事實上是一整套按摩法，亦即一做就該做完所有動作，但是考量到一般孕婦，尤其是職業婦女，時間上十分有限，因此將其拆解為一天三餐飯前，再加睡前進行，分次做之後，所需的按摩時間僅數分鐘，比較能夠持續進行。

這整套按摩動作中，部分動作必須由旁人協助完成，這個「旁人」，當然是先生為第一優先，畢竟，懷孕養胎絕不是孕婦個人的事，要生養健康寶寶，也不是孕婦個人的責任，所以，儘管三餐飯前都要做，似乎有些麻煩，事實上，需要的時間並不長，只要持之以恆，一定能看得到成效。

●晨起按摩法

合掌法

台灣患有過敏的人不少，其中當然也包含不少孕婦。有過敏困擾的孕婦，早上起床前可以採取「合掌法」改善過敏現象。

方法：

1 取掉枕頭，身體完全平躺。兩腿伸直，深呼吸，再緩緩由下腹部將氣完全吐盡，吸吐動作共做三次。

2 雙臂張開，上舉至與雙肩呈垂直狀，雙手合攏，手掌上下交互摩擦至產

生電熱能為止。

3 當手中有熱度時，立刻把雙掌交疊合掌，防止熱氣流失，並且立刻將此合掌掩住鼻口，慢慢將氣吐出。熱氣吐完後，再重複2至3的動作，共做十二次。做完後馬上戴上口罩，再開始晨間活動。

一直線走路法

起床後、吃早餐前，還須到戶外進行「一直線走路法」，時間約二十分鐘。方法如下：

1 臉微微上仰，收腹，背脊挺直，兩手以前三後四的比例擺動。

2 行進時，腳跟先著地，腳尖最後觸地，並且走一直線前進。一直線走路法可以消除肩部痠疼與腰部沈重，使心情保持愉快。

運動回來後，最好沖個澡，方法是以蓮蓬頭沖腋下淋巴、下巴兩側甲狀腺及鼠蹊部，再以冷熱交替的方式，坐著沖腳踝周圍、腳指尖、後腳跟及腳板，每次沖十至二十秒。沖完後須平躺五分鐘休息再吃飯。平躺的作用就好比充電，必須全身放鬆，以恢復疲勞。

●午餐前按摩法

不論是否為職業婦女，午餐時都必須養成先按摩，休息再吃飯的習慣，但時間不必太久，這樣下午時間就能很有精神地處理事情了。

眼部按摩

午餐前的按摩以眼部及手部為主，如場地許可，先平躺按摩約十到十五分

鐘。眼睛疲勞雖然很常見，但長此以往，易造成肩膀痠痛僵硬的毛病，而且，女性的老化是從眼部疲勞開始的，因此，眼睛的保養有絕對的必要性。

方法：

1 閉上眼睛，頭微抬，張開雙肘以雙手中指支撐鼻樑上額髮際處。

2 以拇指腹用力揉壓鼻樑兩旁、眼窩凹陷處。

3 再以拇指沿著眉骨由眼頭到眼尾處按壓。如果有眼睛痠痛的情形，則按壓至痠痛消失為止。

4 眼眶下緣也可以用中指壓揉，直至不痛為止。揉的時候必須咬緊牙根，收下巴，頸部後面要用力，效

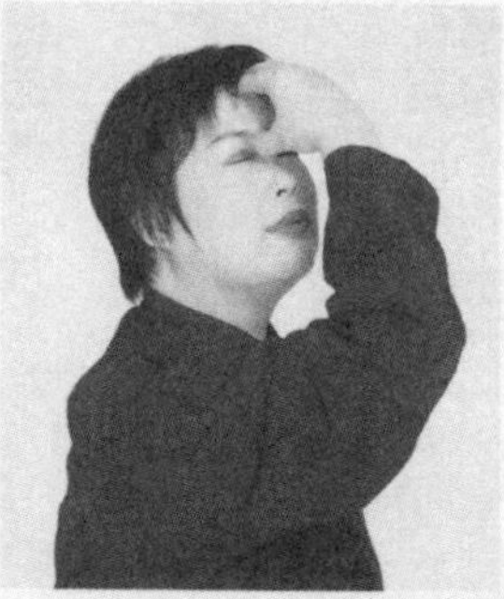

① 頭微抬，張開雙肘，以雙手中指支撐鼻樑上額髮際處。以拇指腹用力揉壓鼻樑兩旁、眼窩凹陷處。

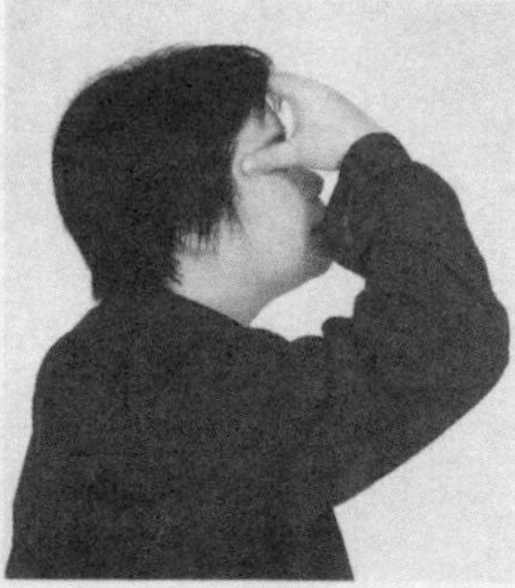

② 再以拇指沿著眉骨由眼頭到眼尾處按壓。如果有眼睛痠痛的情形，則按壓至痠痛消失為止。

果才會顯著。

手部按摩

手是隨時用到的部位，所以也很容易產生疲勞。做手部按摩除了可消除疲痛外，刺激手背不常用的肌肉和指尖的末梢神經，還能收消除脹氣之效。

方法：

1 將一隻手掌心朝下置於桌上，手腕從手指尖方向算三指的距離作為起點，以另一手指尖，沿手背中央、小指側邊及拇指側邊向指尖方向按摩，到指尖時則稍微用力加壓，以刺激末梢神經。兩手交替進行，每手至少做十二次。

2 用一手的拇指和食指在另一手的每根指頭兩側進行按摩，完畢後換手操

作。

3 以姆指在上，食指、中指在下的方式，在另一手的每個指間（如拇指與食指間）進行按壓，然後再按壓手心中央。

手部按摩分解圖

① 手腕從手指尖方向算，三指的距離作為起點。

② 以另一手指尖，沿手背中央、小指側邊及拇指側邊向指尖方向按摩。

③ 到指尖時須稍微用力加壓。

④ 所有步驟都做過，不妨再以大拇指、食指、中指按摩另一手之大拇指。

⑤ 逐一按摩到小指。

●晚餐前的按摩法

下班回家，拖著一身疲憊，此時要進食，不但胃口不佳，而且容易消化不良，所以，最好能先洗個澡，讓身心放輕鬆，再進行晚飯前的按摩，然後休息片刻，這時再吃個清淡的晚餐，就可消除疲勞及脹氣，使身體得到最舒服的對待。

腳的迴轉

晚餐前的按摩以腳的迴轉及耳朵按摩為主。腳的迴轉方法如下：

1　頭部枕枕頭，身體平躺，大腿、膝蓋、小腿及腳跟併攏，雙手緊握，平放在腹部，將下腹托起，做頭部和腳同時挺直的動作，然後做三次深呼吸，並輕輕吐氣發出「ㄨ」的聲音。

腳的迴轉分解動作

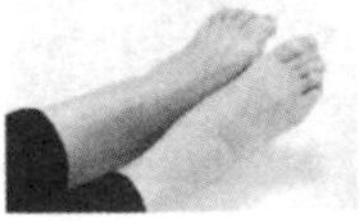

①做完深呼吸後，腳後跟及膝蓋併攏。腳掌做前後擺動十二次。

② 腳筋用力拉直，腳趾向前、向後用力下壓。

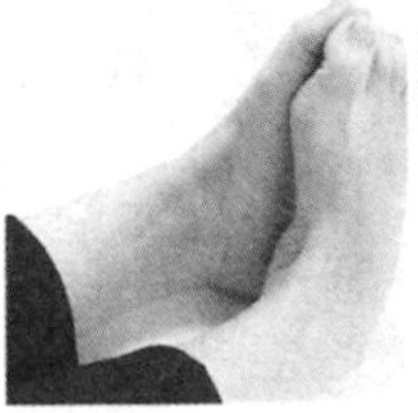

③兩腳掌心相向併攏

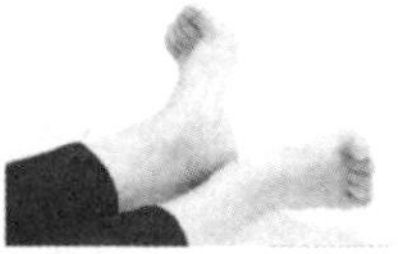

④ 腳掌分別由內向外、由外向內轉圈各六次

2 腳後跟及膝蓋併攏，腳掌做前後擺動十二次。然後後腳筋用力拉直，腳趾向前、向後用力下壓。

3 兩腳掌心相向併攏（初學者可以用布條或毛巾將大腿、膝蓋、小腿、足關節綁住）腳掌分別由內向外、由外向內轉圈各六次。

耳朵的按摩

按摩耳朵的作用在於消除疲勞及壓力，並且增進腸胃功能運作。方法為：

1 挺胸收小腹，牙齒與眼睛輕閉，兩肘抬至比肩膀高，然後在耳朵的下、上、中部位用拇指、食指、中指以夾、壓、揉、拉的順序進行按摩。（亦即先對耳朵各部做夾的動作，再做壓揉拉的動作）

2 以拇指壓耳垂、耳尖上、耳中後的凹處。

3用手心按壓耳朵，直到聽不見任何聲音，並且以同樣動作向前、向後各按摩六次以上，最後深呼吸，再鬆手深吐氣。

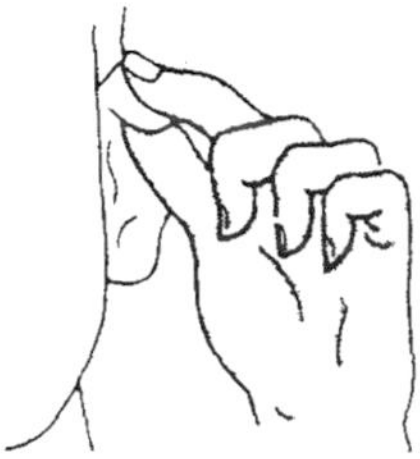

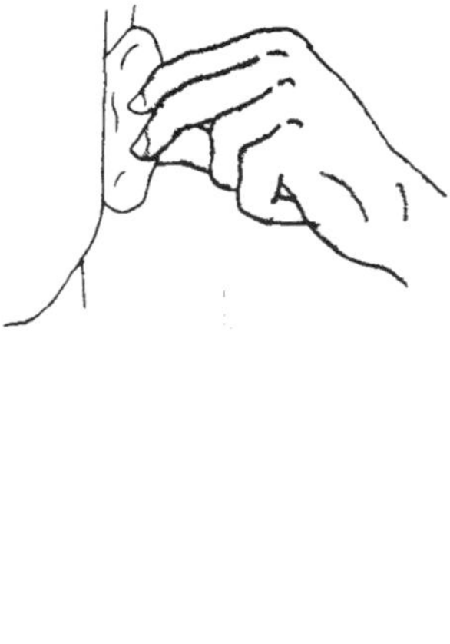

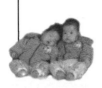

●睡前按摩法

睡前主要以肩胛骨及頭的按摩為主，其中肩胛骨按摩因須抬手，孕婦不宜抬得太高，而且不宜用力指壓、捶打，如果自己做不來，不必勉強，請先生幫忙，以消除今天疲勞，幫助全身放鬆。

肩胛骨按摩

方法：

1 孕婦坐直，由先生或家人以手掌將孕婦手臂撐起，略高於肩膀，並略向後伸，再用另一手的手指幫孕婦由肩胛骨內側按壓、搓揉而下，左右各做八次。

2 坐姿與1同，沿脊椎由頸部按摩至尾骨部，左右手各做八次。

3　先生或家人的雙手虎口張開，幫孕婦由腋下按摩至腰部。兩手同做，共做八次。

頭部按摩

方法：

1　背脊伸直，挺直上半身，舌頭頂住上顎，緊閉雙唇，輕輕揉壓頭頂中央及額頭沿臉頰至髮根間的髮際，還有後頸中央等處。

2　用食指、中指指壓眼尾太陽穴，同時以大拇指指壓後腦和頸部交接的凹處，直至痠痛消失。

孕婦症狀對策

不論是抱著馬桶吐，
或者半夜抽筋痛醒，
這些小症狀總像在考驗著孕婦的耐力，
讓懷孕過程更增添難忘的回憶——

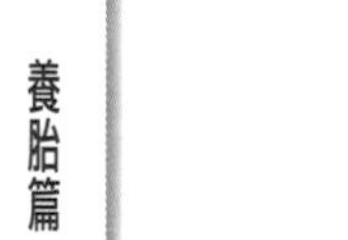

害喜對策

從發現懷孕的那一刻起，「會不會害喜」的心理壓力就與孕婦如影隨形。大多孕婦很幸運，並無不舒服的症狀，但也有少部分孕婦從懷孕初期一路害喜到生產。不過，值得慶幸的是，大多數會害喜的孕婦，大約在懷孕進入中期後就不再害喜，免除了抱著馬桶孕吐的噩夢。

害喜的症狀多數為噁心、嘔吐。主要成因為內分泌改變及體內「氣」不協調所致。要減輕這類症狀，可以藉由以下方法改善：

飯前按摩

前面我們所介紹的各種飯前按摩，以腳的迴轉與耳朵按摩最有效(方法請參閱讓媽媽身心舒暢的馬殺機單元)，其要領為：

1. 平躺，這時胃會平，氣會通。嚴重害喜者更需要躺下來做，若害喜情況沒那麼嚴重，而又不方便躺下的，只好坐著按摩。
2. 心情保持輕鬆，盡量多想快樂的事。
3. 緩慢而有耐心地做，絕對不要趕。
4. 每次做十至十五分鐘，每天做兩次，最好在午餐及晚餐前。

米酒薑汁泡腳

害喜多半是脹氣所引起的，米酒薑汁泡腳可以打通全身氣血，幫助通氣及熟睡。此法對於常為失眠所苦、手腳冰冷、肩痠、疲勞、生理痛及血壓不正常者也有效。

害喜者可一個月連續泡五至七天，常抽筋者除了補充鈣質外，亦可搭配此法。但是，如果孕婦有出血症狀就不能泡。

材料：

米酒四瓶、鹽十公克、帶皮榨出的薑汁一百西西、深水桶一個、熱水適量。

方法：

1 將四瓶冷米酒倒入水桶裡，先浸腳十五至二十分鐘。

2 加入鹽十公克及薑汁一百西西。

3 加入熱水至膝下十公分左右。熱水的溫度以能忍耐的溫度為限，但須避免過度刺激。此時再將腳放入泡十五至二十分鐘即可。

泡過的酒水記得不要倒掉，第二天可以再用四瓶新的冷米酒浸泡雙腳二十分鐘，須加熱水時，就先把前一日泡過的酒水加熱，倒入桶內，另加鹽十公、薑汁一百西西再浸泡雙腳，方法同前。

吃白蘿蔔汁干貝蒸粥，外加一大盤蔬菜

尤其是害喜嚴重的孕婦，更是只能吃此蒸粥。白蘿蔔汁有消除脹氣的功效，干貝則可安定神經，除了可以在懷孕過程吃之外，並且可以預防及減輕害喜症狀。作法已在前面單元介紹過，此處簡略帶過：將半杯米、二杯白蘿蔔汁、泡開的干貝一個、少許香菇絲、山藥、紅蘿蔔絲及高麗菜合蒸一個小時即可。

抽筋對策

懷孕到了後期，除了行動不方便外，最令孕婦難過的是睡眠品質下降，其中如果再伴隨著偶發性的抽筋，就更讓人難受。經常會在半夜痛醒，迷糊中隨便處理，待抽筋過後再沈沈睡去。到了第二天，曾發生過抽筋的部位感到有些

緊繃，必須經過按摩或熱敷等處理才能方便地正常運動——有過抽筋經驗的孕婦，相信都能感同身受。

抽筋之所以會發生，是因為體內缺乏鈣質，此外，脹氣也會引起抽筋。

針對以上兩種成因，其對策如下：

1 晚上吃高鈣高蛋白蒸粥，並且份量不可太多，讓腸胃獲得休息；堅守飲食3：2：1原則——早餐吃得好、中午吃得飽、晚餐吃得少，多吃蔬菜，降低脹氣可能發生的機率，抽筋症狀自然會減少。

2 通常快要抽筋前，孕婦自己會感覺到腳或腿有筋緊繃的現象，當有這種情形發生時，那段時期就要在睡前以米酒薑汁泡腳，連續泡幾天，直到情況改善為止。

3 側睡時腳必須彎曲；伸懶腰前也務必把雙腳彎曲，切不可伸直。

4 多補充天然鈣質，可多吃小魚干（吻魚或丁香魚）、喝大骨熬湯、鮮奶、或補充「莊老師喜寶」。

改善抽筋食譜——番茄燉牛筋

材料：

番茄四斤（須完全紅透、熟透）、牛筋一斤、老薑兩片、米酒兩瓶（共一千兩百西西）

作法：

所以材料放入鍋中以大火煮滾後，再加蓋慢燉兩個小時。完全不加鹽。這道番茄燉牛筋必須在兩三天內吃完，可以當點心，也可以是正餐，如果嫌單吃不夠飽，可以用另一個鍋煮麵線，煮好後撈起加入拌湯，連料一起吃完。

水腫對策

孕婦予人的印象，多為大腹便便、行動緩慢。而造成這個印象的原因之一則是水腫。尤其是到了懷孕末期，因為新陳代謝較差，水分排不掉，手腳水腫的情況特別明顯，經常使得孕婦得換穿大一、二號的鞋，甚為困擾。

要預防或改善水腫症狀，有以下幾種方法可以採用：

1 以紅豆湯當點心喝。紅豆有強心、利尿的效果，能使小便順利排出。通常是體重一公斤對一公克的紅豆，換言之，一個六十公斤的孕婦，一天必須吃六十公克紅豆。這個數字看起來不起眼，單煮這麼一點也令人困擾，所以，建議一次煮個幾天份，每天再按固定數量食用。

紅豆洗好後，必須用水浸泡八小時，再用電鍋煮成紅豆飯或紅豆湯。如果是煮成紅豆飯，就當一般的飯吃。也以正常飯量食用。若是紅豆湯，不可以只喝湯，一定要連紅豆一起吃才有效。而血糖較高者，煮時記得不可加糖；有水腫症狀的孕婦，因為不可喝太多水，所以最好煮成紅豆飯而非紅豆湯。

2 喝黃耆水。體重每兩公斤，使用一克的黃耆，加十倍的水。以六十公斤的孕婦為例，須用黃耆三十克，加三百西西的水煮。煮時須以大火煮滾後轉慢火加蓋煮一個小時即成。為免天天煮太麻煩，可以一次煮一個星期份量，冷卻後放冰箱，要喝前退冰加熱。一天分黃耆水就把它當水喝，必須在一天內喝完。

3 吃紅豆燉鯉魚。看到這個菜名，請不要訝異，紅豆真的可以和鯉魚配在一起，而且據吃過的人表示，滋味還不錯喔。

材料：

鯉魚一尾、紅豆份量為鯉魚的五分之一（視水腫程度，嚴重者須加量）、少

量薑。

作法：

1紅豆泡八小時。

2將紅豆煮成紅豆湯後，再將鯉魚、薑加入燉煮至熟。

3這道料理完全不加調味料。

感冒對策

哈啾！糟糕，孕婦感冒了。平常時候感冒不成問題，多喝水、多休息，再吃藥就成了。懷孕期感冒就沒這麼簡單。雖然現代醫學可以在不傷害胎兒的情況下開藥方，但是，大多準媽媽為了寶寶，還是心裡怕怕。其實，肺和大腸是互為表裡，只要腸子通了，氣就會通，所以，應從通氣著手。方法如下：

一、白蘿蔔汁燉牛蒡、蔥白、薑湯

材料：

白蘿蔔榨汁五百西西(可以消脹氣)、牛蒡一百公克切薄片(可消氣、排除毒素)、蔥白三根(取蔥頭白色部分，作用是通陽及通氣)、薑片兩片(幫助發汗)、陳皮與蔥白等量(利氣之用)。

作法：

1 所有材料以慢火燉四十分鐘即可。

2 煮好後先過濾，把汁放進熱水瓶保溫，牛蒡保留。

3 所有湯汁須分次在一天內喝完。牛蒡也要吃掉。

這個處方須在有感冒症狀時吃，以上為一日分量，當有症狀時可連續吃兩三天，當毒素排乾淨後，感冒症狀就會減輕。

二、白蘿蔔汁燉蓮藕、豬心、干貝湯

材料：

蓮藕七小節(不切片，但切段，保留兩頭的節，以保住養分)、豬心一個(切成七塊)、干貝七個、白蘿蔔汁(以能蓋過材料為主)。

作法：

所有材料洗淨，置鍋內，白蘿蔔汁蓋過材料，並再多一些，以慢火隔水蒸一個小時。如果是用電鍋蒸，則須保持外鍋有水，內鍋則加蓋或加上保鮮膜。

吃法：

蓮藕及豬心均用切片處理，除了喝湯，材料也一併吃下。可以當正餐的湯或點心吃，必須在晚餐前吃完。以上材料為七天份，連續吃七天。

此湯的作用在於通氣、調整上呼吸器官的神經黏膜，使內分泌協調。可以有效緩和感冒症。為方便處理，最好一次煮七天分，並且汁與料分開保存，要吃時再取一份出來溫熱。因其功用對一般孕婦也很好，所以不一定非得有感冒症狀時才吃。

三、晚餐吃高鈣高蛋白蒸粥，並搭配飯前按摩與休息。

如果再加上米酒薑汁泡腳及肩胛骨按摩，效果更顯著。

便秘對策

一般孕婦，或多或少都曾經有便秘的困擾，那是因為子宮撐大壓迫到大腸，或飲食生活不當致使腸內充滿脹氣，故使腸子無力將糞便完全排出，而產生

糞便「細軟」，且有「殘留感」的症狀，本食療法可有效的改善這種因「腸子無力」而造成的便秘。

材料（一日量）：

1 白芝麻（未炒過）：體重一公斤須〇・五公克。

2 蜂蜜：體重一公斤須〇・五公克。

3 冷鮮奶：（約）一〇〇西西。

吃法：

1 將【白芝麻】以小火慢炒（可一次炒數日之用量），直到香味溢出，此時白芝麻呈赤紅色但卻【不焦黑】。待其自然冷卻後裝入可密封的容器內待用。

2 每日早晨【空腹】（早餐前）即先吃所須份量（體重一公斤〇・五公

克）之【白芝麻】注意須以【正確咀嚼法】仔細將每一顆芝麻咬破後再吞下。

3 將【冷鮮奶】倒在碗裡，徐徐倒入【蜂蜜】，邊倒邊攪拌，攪拌均勻後食用之。

4 注意：【冷鮮奶】不可喝「溫」或「熱」的，須「微冰」或「冷」的才有效。

注意：

1 本方須於每日【早餐前】連續食用，至少二週。

2 【白芝麻】須以【正確咀嚼法】仔細嚼食。

3 服用此方請同時配和以【正確排便法】排便，順便調整如廁的時間。

妊娠糖尿病對策

懷孕期間醫院都會對孕婦進行血糖測驗，以確實掌控孕婦的血糖值，避免罹患妊娠糖尿病。偏偏現代人吃得好，對於孕婦的飲食偏好，基於能吃就有營養的立場，完全採開放態度，不忌口的後果，就是血糖偏高，再控制不了，就得了妊娠糖尿病，必須住院控制血糖。

其實要控制血糖，除了依據醫院常給的飲食處方如少吃高醣、高熱量飲食外，還能藉由喝綠豆水控制。

綠豆水

作法：

1 孕婦體重每一公斤用一公克綠豆，故孕婦如六十公斤則一天量為六十克綠豆。

2 每一公克綠豆搭配十西西的冷開水。

3 綠豆洗淨後，加入冷開水加蓋浸泡八小時，如果孕期為夏天，為防變質，須放至冰箱冷藏。綠豆水須每二至三小時攪拌一次。

喝法：

將綠豆水攪拌後，把水濾出，在一天內當開水分次喝完，每天喝，至血糖降回正常為止。

高血壓對策

除了妊娠糖尿病外，妊娠高血壓也是令孕婦傷腦筋的病症。要控制妊娠高血壓，可以從飲食著手。控制高血壓的食譜，主要由利二便(大小便)著手，食譜以白蘿蔔汁為主，再加上豬大腸、豬小腸、干貝合燉。其中干貝的作用在安定

神經，白蘿蔔汁及豬大腸則可以通氣，排氣排便順暢了，對於降血壓自然有幫助。

白蘿蔔汁豬腸干貝湯（兩天份）

材料：

豬大腸一百五十克、豬小腸一百五十克、白蘿蔔榨汁一千五百西西、干貝兩顆。

作法：

1 豬小腸裡面的膜必須留住，處理上要多費心：

A 先將豬小腸外表洗乾淨。

B 用筷子把腸子裡面翻出來，以水沖洗，但是千萬別搓揉，以免搓掉內膜。

C用麵粉加鹽，以十五比一的比率混合，撒在腸子內面，放二十分鐘，這時，腸子和麵粉會結成塊狀。

D用水沖掉結塊的部分，再把腸子翻回外面。

E小腸每隔兩公分打結，大腸在清洗後，整段放入鍋裡煮。

2將所有材料放入鍋裡，隔水蒸一個小時，由於在洗小腸時已放了鹽，所以，煮的時候不須再放鹽巴。

吃法：

以上材料為兩天份，吃的時候可將豬腸切段，分次食用，一般可連續食用七至十天。

過敏對策

孕婦最怕過敏，哈啾！哈啾！噴嚏打個不停，肚子也跟著收縮，如果是在懷孕初期，就更讓人緊張，生怕一個噴嚏出來，小孩也跟著出來—這當然是危言聳聽啦！不過，懷孕期過敏的確是讓孕婦頭痛的毛病。

打噴嚏過敏的成因，當然空氣或環境中的過敏原有關，而體內溫度與室內溫度不協調也是因素之一。當有過敏打噴嚏情況發生時，可以將手搓熱，再以雙手蓋住手鼻，待溫暖後，即戴上口罩，可以暫時改善過敏情況

要降低過敏情況的發生，有以下方法：

1 早上起床做「合掌法」：

取掉枕頭，身體完全平躺。兩腿伸直，深呼吸，再緩緩由下腹部將氣完全吐盡，吸吐動作共做三次。

雙臂張開，上舉至與雙肩呈垂直狀，雙手合攏，手掌上下交互摩擦至產生電熱能為止。

當手中有熱度時，立刻把雙掌交疊合掌，防止熱氣流失，並且立刻將此合掌掩住鼻口，再以下腹深呼吸，並慢慢將氣吐出。熱氣吐完後，再重複至的動作，共做十二次。其作用是強化上呼吸器官神經黏膜，預防感冒及過敏。做完後馬上戴上口罩，再開始晨間活動。

2 晚上做眼部及肩胛骨按摩：

A 眼部按摩方法：

閉上眼睛，頭微抬，張開雙肘以雙手中指支撐鼻樑上額髮際處。

以拇指腹用力揉壓鼻樑兩旁、眼窩凹陷處。

再以拇指沿著眉骨由眼頭到眼尾處按壓。如果有眼睛痠痛的情形，則按壓至痠痛消失為止。

眼眶下緣也可以用中指壓揉，直至不痛為止。揉的時候必須咬緊牙根，收下巴，頸部後面要用力，效果才會顯著。

Ｂ 肩胛骨按摩法：

孕婦坐直，由先生或家人以手掌將孕婦手臂撐起，略高於肩膀，並略向後伸，再用另一手的手指幫孕婦由肩胛骨內側按壓、搓揉而下，左右各做八次。做姿與同，沿脊椎由頸部按摩至尾骨部，左右手各做八次。

先生或家人的雙手虎口張開，幫孕婦由腋下按摩至腰部。兩手同做，共做八次。

3 米酒薑汁泡腳

第一個月須連續泡十天，以打通氣血，第二個月起，每個月連泡五天。泡腳的時機以睡前最佳，飯前亦可。

4 喝蓮藕榨汁或選用蓮藕、干貝加豬心及白蘿蔔汁燉湯

蓮藕榨汁每天喝的分量為一公斤體重對五西西蓮藕汁，因此一個六十公斤的孕婦，一天須喝三百西西蓮藕榨汁，喝時一次以五十西西的份量分次喝完。蓮藕榨汁做起來很簡單，首先把蓮藕洗淨，用果菜機來榨，由於蓮藕汁含鐵質易氧化，所以一定要當天榨、當天喝完，也可以用塑膠磨器磨好，再以乾淨紗布絞出汁來。

如果害怕蓮藕汁的味道，可以酌量加入鹽或蜂蜜。

在飲食方面，除了吃上述提到的食物外，應多攝取綠色蔬菜、海帶、干

貝、蓮藕、豬心等安定神經的食物，並且避免喝陰陽水(即以冷開水對熱開水或直接加冰降溫的水)，少吃燒烤、刺激性食物，不可用回鍋油。

濕疹對策

濕疹及皮膚過敏等症狀好發於夏秋及冬春交替之際，孕婦的主要症狀有的是下陰部會癢，也有的是腹部地帶癢，對大腹便便的孕婦來說，十分困擾。

要改善這種情況，必須先幫大腸通氣。為什麼皮膚的問題反而要通氣呢？因為，肺與大腸有互為表裡的關係，而肺又與皮膚有關，所以，要治療皮膚問題，須由根本著手，而在前面提到的許多症狀中必備的「通氣」步驟，此時依然管用。

●**通氣方法：**

1睡前以米酒薑汁泡腳。

2吃白蘿蔔汁蒸粥。

3飯前在耳朵、手或眼睛中擇一按摩五分鐘再進餐。這個動作目的是轉換心情，待心情平和後進餐較不易有脹氣。

4喝白蘿蔔汁加牛蒡。作法如下：牛蒡兩百公克洗淨切片後，加入一千西西的白蘿蔔汁，隔水蒸一個鐘頭。這是兩天份，可以當茶喝，或者適量加點排骨但不加鹽，另加一顆橄欖味道更好。吃時須連牛蒡一起吃掉。

除了要通氣，另有專門的食譜可改善症狀。

食譜1　大腸頭加綠豆

材料：

大腸頭每天一百五十克，綠豆每天七十五克。

作法：

1清潔大腸頭。方法是用筷子把腸子翻出內面；以鹽和麵粉十五比一的比率混合，撒在腸內面，放置二十分鐘，用水沖掉結塊部分，再翻回外面。

2綠豆洗淨泡水八小時。

3把大腸頭尾端綁線，填入綠豆，但不可填滿，約一半即可，因為蒸的時候豬腸會縮小，而綠豆卻會膨脹。填好後再將另一頭用線綁緊。

4放在盤中隔水蒸熟。

因程序較麻煩，不妨一次多蒸幾天份，再依量分天食用，原則上須連續吃十天，至症狀減輕為止。大腸頭可恢復腸子蠕動，幫助排除體內廢氣、廢物；

綠豆則有補肝、解毒功能。

食譜2　豬皮

材料：豬皮一公斤(因不是隨時可買到，建議不妨向熟識的肉販預訂)，米酒一千西西，帶皮老薑十公克切絲。

作法：

1 把豬皮洗淨，以鑷子把上面的毛拔除。

2 切成一寸半寬的小塊，置於鍋內，加十公克鹽、米酒、老薑一起煮，待大火燒開後再以小火燜煮三小時，等出味後，再加入十西西的醬油，再燉爛為止。

豬皮一次吃不完，可分袋冷凍起來，下次要吃時，取出一袋解凍後切片下

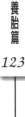

飯，或者加入海帶、山藥、紅蘿蔔一起燉著吃。

食譜3　豬皮加豬大腸

材料：

豬大腸一公斤、豬皮三分之一公斤、老薑數片。

作法：

1 以上述方法洗淨豬皮與豬大腸，洗後切段。

2 以白芝麻油爆老薑，再爆炒豬皮、豬大腸，然後加一百西西的醬油、米酒合燉一個小時即成。

這個份量一次吃不完，可分袋裝起冷凍，分次解凍配飯。

孕婦一旦患有濕疹，洗澡時絕不能使用肥皂，會使症狀加劇，所以，建議改用蛋白清潔，洗好後再塗抹豬油，以減輕不適感。豬油的作法很簡單，只要到市場買一大塊豬油，將它洗淨切塊，用小火慢慢炸出油即成。

中暑對策

中暑有陰寒與陽熱兩種，一旦有中暑症狀，應該先判斷屬於那一種，再對症下藥。尤其刮痧是刮背部俞穴，關係到多處臟腑，這中間是否可能動到胎氣，沒有人可以保證，所以，為了安全著想，最好以內服藥物為主。

而所謂的陽熱，原因是長時間暴露於室外高溫之下，造成出汗過多，體內水分和鹽分不足，以致積存在體內，無法順利排出，又稱為「中熱」。最好的處理方式是補充一杯加鹽的溫開水，如果屬熱盛口渴者，可用「白虎加人蔘」，或「竹葉石膏湯」飲用。

至於陰寒，就是中暑，起因為盛熱時，一下子吹冷氣或喝冰的飲料，並且

在室內室外間進進出出，使身體要在很短的時間內承受冷熱溫差，以致感受暑濕之邪，像腸胃型感冒就是屬於此類。如果外顯的症狀有畏寒、發燒、骨頭痠痛等，可服「香薷飲」。

若為腸胃型感冒，有腹痛、嘔吐、腹瀉如水狀等，可以用「黃連香薷飲」或「六一散」。

但若是頭暈、倦怠、四肢沈重無力或心悸出汗者，則用「清暑益氣湯」或「生脈散」。

第二篇　寶寶出生，媽媽開始體質調整工程

孩子健康平安出世，
媽媽的工作才算完成一半，
接下來，就要為自己而努力。
女人一生中三大改善體質的好時機，
只有坐月子是只要花三四十天就能辦到，
想要健康的媽媽，快跟我來——

內在調理─三大飲食原則喚回健康美麗

有了完美的養胎計畫，接下來的重頭戲就是坐月子。根據莊淑旂博士的理論，女人一生中有三次改變體質的機會，就是初潮期、更年期及生產坐月子時。其中初潮期及更年期的身體調理費時較久，須花六個月到二、三年的時間才能調理好，唯有坐月子，只要花三十天到四十天的時間，就能改善體質，且關係到未來二十年的身體健康，怎能不小心因應呢？

為什麼要坐月子？因為在懷孕的過程中，身體的荷爾蒙起了明顯變化，以迎接肚子裡的小生命，一但胚胎脫離母體（不論是小產或順產），荷爾蒙需要時間恢復協調及活潑力，這段恢復期約三十到四十天，不論過去身體如何，都可利用此時期，以正確的飲食和生活方式，為內部器官加把勁，力氣用對了，對身體自然有加乘效果。

產後坐月子有幾大要領，過去有許多人談過，大家都只知其然，卻不知其所以然，並且有些小細節因為未講究，造成效果減半，十分可惜，此處所談的原則，正好可補仿間流傳的方法之不足。

原則一：三十天內不喝水

這個原則很多人知道，但是，為什麼不能喝水，卻能喝「米精露」（米酒的精華露，亦即三瓶米酒濃縮提煉成一瓶的精華露）或「廣和坐月子水」呢？因為人體內臟和器官雖各自為政，各司其職，但彼此之間有膜相連，血管神經是連在一起的，生產後，這些膜失去彈性，如果在此時喝水，因水分子較重，且會擴散，當它被膜吸收後，會行成重量，再受到地心引力影響，就會向下拉扯，於是位於其內部的器官就會變形，例如子宮本來是梨形，由於膜的無力，連帶使子宮下垂、變形，壓迫到子宮鬆開，於是，不少女性產後常見的症狀，

如經血排得不順，經期拉長都會出現。

除此之外，因腹腔器官移位下垂，影響到腰部脊椎的密合度，壓迫到神經，所以會腰痠背痛，並且因器官下垂，小腸不但未恢復活力，反而影響吸收能力，無法完全消化，脹氣、排便不順因此產生；另一個影響婦女外觀美麗的肚子變大、不易消及駝背，也和上述原因有關。

既然水不要喝，又為什麼可以喝「米精露」或「廣和坐月子水」呢？因為—所謂的米精露是以三瓶米酒濃縮提煉成一瓶的精華露，因為去掉了不必要的雜質，質量較輕，可減輕地心引力的影響。而「廣和坐月子水」除了以精密科技濃縮提煉出「米精露」，更熬入了高養份的獨家天然配方，再將兩者藉由生化陶瓷產生能量共振的原理，將「米精露」分子團進一步分解成更小的分子，不會對人體內臟造成負擔。

產後須熱補，而米精露及廣和坐月子水中含有多種濃縮的酵素，可將食物中熱補的功能引爆出來。

雖然產後須熱補，但此熱補並非太過刺激的熱補，而是溫和的熱補，所以，米酒須以三瓶濃縮提煉成一瓶的比例，將酒精完全揮發後再使用，屬於溫和的熱補，與直接以米酒來燉補的熱補是不同的。

根據經驗，以夏天坐月子的產婦需求評估，一天所需的米精露，約須用十五至十八瓶的米酒來煮。此處所謂的米酒是指酒精濃度在百分之二十五以內的米酒，一般私釀的米酒因酒精濃度較高，要待酒精完全蒸發，較費時，且需較多米酒，形成時間及資源上的浪費，並不建議採用。

○米精露的作法：

十五瓶米酒全倒入大鍋內，大火煮滾後，改以中小火來煮，煮時不加蓋，令其酒精得以發揮。待煮成五瓶份量時即可關火。

為避免火勢延燒到鍋內，除以中小火進行外，煮的時候一定要有人在旁看

著，只要火一燒到鍋內，立即蓋上鍋蓋熄火。絕不可為了省事，而用點火直接燃燒酒精的方式，因為那會造成米精露有焦味，焦的東西仍是孕婦及產婦的大忌，絕不能吃。再者，用這種方法只能揮發掉上層的酒精，表面以下的酒精無法揮發完全，而且製造出來的米精露內含的養份亦不夠，因此要絕對避免採用。

因米精露的製作費時，最好在每天早上煮好，供一整天料理之用。為了節省時間可以兩天煮一次，不過因其內含大量濃縮的酵素，極易酸掉，煮好、冷卻後一定要冷藏，但冷藏時間一樣不能超過兩天，否則，在冰箱中一樣會酸掉。米精露一般喝起來會有米的味道，如果有酸酸的怪味，千萬不要使用。

原則二：產後務必熱補

要達到熱補的作法，料理時，須用老薑、麻油、米精露（或廣和坐月子水）來煮，才能發揮功效。不過，仍有要注意之處—

一定要三瓶米酒濃縮提煉成一瓶的「米精露」或「廣和坐月子水」，且須確定為零酒精。

一定要用老薑，且務必切薄片，以麻油用文火慢慢爆透，直至成深褐色、兩邊捲起為止，但絕不能焦黑。

爆透的老薑會分泌一種碳素，對人體有很溫和的熱補作用。這個動作看似單純，但因薑屬會「發」及「刺激」的特性，若沒處理好，易造成—A傷口發炎；B易盜汗、人容易虛；C偏頭痛；D便秘、痔瘡；E若呼吸器官不好，易常咳嗽（非感冒的咳嗽）；F上火、口乾舌燥；G皮膚病變，如蕁麻疹；H失眠、睡眠品質變差。

一定要用麻油才夠熱。民間有一說法是用苦茶油代替，但苦茶油不夠熱，

且達不到麻油幫助排除毒素的效果。

一般坊間的麻油產品，有用白芝麻榨的香油，及用黑芝麻榨的胡麻油。有的胡麻油呈深黑色，愈焦愈香，但不適合坐月子用。坐月子須用百分之百純的胡麻油，且用低溫慢火烘培的，呈棕色透明狀，通常在瓶身會標示。

原則三：採階段性食補，嚴禁大吃大喝

因為內臟在產後仍未恢復百分之百功能，若大吃大喝，易造成內臟負擔，變成「虛不受補」。例如產後兩周內應是以恢復及休息為主，若在此時吃麻油雞或肉質太強、養分太高的食物，吃進過多養分，腸子又仍未恢復功能，使得代謝不良，積存在體內，易造成產後發胖，而懷孕前太瘦的人，則會吸收不良，易造成腹瀉或上火的現象。

何謂「階段性食譜」？就是依據產婦身體恢復的速度及當時的需求，分階段給予不同的食物。以下是各周食譜的重點，其中所謂的「一分」是以飯碗八分滿為準。

第一周飲食重點：排除體內毒素及子宮內廢血

主食：麻油炒豬肝，每天三百到五百公克。因豬肝有破血功能，以熱補原理正好可將其破血原理引出，大量吃可幫助排除子宮內廢血。

有人說現在的豬打了太多抗生素，而豬肝又具備排毒的功能，所以有太多抗生素聚集在豬肝，最好不要吃。這個說法似是而非，根據莊淑旂博士長期的研究及觀察發現：豬肝的功效就是排毒，儘管有上述說法，但以毒攻毒的效果更好，尤其坐月子的目的是把身體調理好，就要以這個目標為主，況且只有在產後第一周吃，七天來，每天只吃三百到五百公克，並不會造成什麼副作用。再者，豬肝內含抗生素的情況長期以來都是如此，只是近期被披露，才引起注意，但已有許多婦女坐月子吃過豬肝，都有很好的效果，可以作為見証，產婦大可放心。

生化湯：也有幫助排除廢血、收縮子宮的功能。

一般人常以為，在醫院生完孩子後，醫生開立了子宮收縮的藥，因此不能和生化湯同時吃，這是錯誤的觀念，因為西藥只具備子宮收縮的功能，但不具活血化瘀的功能，所以，一定要搭配生化湯一起使用。不過，此處所說的生化湯，是指傳統生化湯，絕不可喝坊間推出的加味生化湯。

煮生化湯時，同樣要依其分量，用米精露（或廣和坐月子水）來煮。自然產的產婦在生產完，就可以喝一口生化湯，作用是填腹，通常一天三百西西的生化湯，最好在三餐飯前小口小口喝，絕不能一口喝下，會造成腹痛；西藥則可放在飯後吃，兩者並不衝突。至於剖腹產的產婦，為避免大出血，必須將一天份的生化湯煮好，放在保溫壺內，每次喝一口，二十分鐘後再喝第二口，採漸進方式。生化湯到底要吃幾帖，是很多產婦困擾的問題。一般而言，自然產的產婦須吃七帖；剖婦產則吃十四帖，也就是兩周，不可以為它對身體有幫助

便一直喝，多喝了子宮反而會受傷，造成彈性疲乏，將經期拉長。

魚類：烏仔魚，每日一碗的份量，不加任何調味料，其功能也是破血，並且較易為人體吸收。

紅豆湯：幫助水分代謝，有強心利尿的功能。坐月子因氣血很虛，若不吃強心利尿的食物會更虛弱，吃紅豆湯可以幫助體內的水份由正常管道排出。煮紅豆湯前，須用米精露（或廣和坐月子水）浸泡紅豆八小時，較易煮爛。煮好後可以用小火攪拌，再加入黑糖（排毒功能），以免燒焦。份量為每天兩碗。

糯米料理：剛生完，產婦腸胃鬆垮，未恢復正常蠕動功能，因為糯米有「黏腸子」的作用，正可幫助產婦增強腸子蠕動力，並且防止內臟下垂，吃得剛好可以發揮上述作用，每天吃兩碗八分滿的糯米，分三到四次吃，不可一次吃完，會造成消化不良。

作法：用米精露（或廣和坐月子水）泡八小時，若要煮成甜糯米，則加入福圓肉「即桂圓肉」煮爛後加入黑糖，第二周起可將黑糖改成黑砂糖。糯米料理一定要煮爛，腸子才能吸收。

飲料：喝米精露（或廣和坐月子水）煮的飲料及養肝湯，飲料的份量是每天約六百西西；剖腹產及小產者則須喝養肝湯，每天兩百八十西西。

白飯或薏仁飯：須以米精露（或廣和坐月子水）煮，用以補充上述食物的不足，份量是一天兩碗，但若吃不下可以不吃。

◎注意事項：

第一周絕不可吃青菜及水果。

若決定不要餵母奶，須在生完第二天就開始退奶。

退奶的要訣：A最好不要打退奶針急速退奶。B每天仍須將奶排空，但不

可刺激乳頭。第一周一天須排空一到二次；第二、三周一天只能排空一次；滿月後則兩三天排空一次，以漸進方式慢慢退奶。C喝麥芽汁或韭菜退奶。

麥芽汁作法：（五日份）

材料：生麥芽半斤（三百公克）、米精露（或廣和坐月子水）三千西西、黑糖適量。

作法：

將麥芽及米精露（或廣和坐月子水）以大火煮滾後，加蓋改以小火煮一小時。

將湯濾出，改以不加蓋的鍋子，用大火煮至一千西西。

加入黑糖，攪拌後熄火。

冷卻後分裝成五等份，放入冰箱保存，每日飲用二百西西，要喝時須由冰箱中拿出溫熱後飲用。

韭菜作法：（一日份）

材料：韭菜一百五十克、米精露（或廣和坐月子水）適量。

作法：將米精露（或廣和坐月子水）以大火煮滾，加入韭菜煮熟即可食，須當日吃完。

第二周飲食重點：收縮骨盆腔、子宮及內臟。

主食：麻油炒豬腰子，每天一副，搭配杜仲。杜仲每天的份量為三錢，可以磨成粉末直接放在膠囊內吞食，亦可直接與豬腰同煮，或者以豬腰子沾著杜仲粉吃。另一種吃法則是在三餐飯後用米精露（或廣和坐月子水）來配著喝。

杜仲的功用是幫助骨盤的恢復，所以，由產後第八天開始吃，到了第三周，分量可減半，不妨吃至滿月。

魚類：金線魚或黃花魚，每日一碗。開刀過後常吃的七星鱸魚，因為肉質太硬，不好消化，加以營養成分太高，第二周時並不適合食用。魚的作法一樣是用前面所說的熱補材料，並且須煮爛。

紅豆湯、糯米料理：與第一周同。

蔬菜：只限紅色蔬菜，如紅蘿蔔、紅菜、紅莧菜等，蔬菜一樣要用麻油、老薑炒過，並且用米精露（或廣和坐月子水）悶爛，使腸胃易於吸收。每天兩分。

飲料：仍為米精露（或廣和坐月子水）煮的飲料六百西西及養肝湯。飲料的製作須用米精露（或廣和坐月子水）煮，材料如觀音串、荔枝殼或山楂肉等，可在中藥行買到，並且要加黑糖或砂糖，此類飲料可提高代謝力，同時解渴。

藥膳：可依各人體質，請專業中醫師調配，本周藥膳只能喝熬出來的湯，不可吃其中的燉品。

白飯或薏仁飯：與第一周同。

※注意事項：

原則上，女性天生會有奶水，但重點是必須刺激乳頭，並且每四小時熱敷按摩，當然，讓小貝比吸允乳頭，也可以加速泌乳。

第三周（至滿月）飲食重點：開始進補，加速復原

可開始進補到第三十天；剖腹及小產後，更要補到第四十天。此處所謂的補，絕非大補特補，而是溫和進補。

主食：以麻油雞為主。因雞肉是所有肉類裡，被公認最容易吸收者。最好找老母雞，可以讓產婦完全吸收，不致造成細胞疲勞。每天需要的分量約半隻雞。

蔬菜：此階段可以吃的蔬菜多了，但仍不可吃涼性食物，要採溫和方式。如高麗菜、紅羅蔔、菠菜、A菜、紅莧菜、紅菜、髮菜等，以麻油、老薑、米精露（或廣和坐月子水）將青菜悶至爛為止，每天兩份。

飲料：觀音串、荔枝殼或止渴液每天的總份量約六百西西，到了坐月子末期，可以嘗試少量飲用熱開水，但若能不喝，還是不喝。

水果：須吃有甜份、不會酸，而水分少的，如哈密瓜、木瓜、葡萄、蓮霧、荔枝或龍眼等。每天兩份，不同的水果可調配食用。瓜類屬涼性，為什麼在此卻被允許食用?因為歷經前兩周的熱補，到了第三周必須吃些有點涼性的食物來綜合體質，而且瓜類水果每天的份量有限制，所以不致造成不良影響。

點心：紅豆湯、甜糯米粥、油飯三選一，每日以一份為主。此外，酒釀加蛋亦可在本周起開始嘗試。但蟹類、大蝦必須等到滿月後再吃，因為易造成過敏。

魚類：黑色、紅色的魚都可吃，剖腹產者可在本周起吃鱸魚，但仍須煮爛，絕不可用煎的。分量為每天一碗。

花生豬腳：若奶水不足，可吃三到六天的花生豬腳，花生須去膜去蒂（因易造成皮膚症狀），煮時可放一點活蝦一起煮。

藥膳：可找專業中醫師依據個人體質開立藥方。

此外，坐月子期間因為荷爾蒙失調，容易造成形神憔悴、皮膚出糙、黑斑、皺紋等未老先衰症狀，此時若搭配仙杜康、婦寶及養要康服用，可以加速身體復原。

※注意事項：

若本周乳汁清淡或不足，可連續吃花生豬腳三到六天。

外在調理—七大生活調理完全脫胎換骨

生完孩子後，身體正處於復原狀態，除了飲食要嚴格遵守前面所談的原則外，生活的調理也很重要。很多婦女因缺乏幫手或者「捨不得」等原因，雖然在「吃」這方面很小心，偏偏整天繞著孩子，忙得團團轉，以致一個月子做下來，身體不但沒補好，反而腰酸背痛、毛病一大堆，所以，以下的生活準則請務必詳讀，因為這也關係到產婦下半輩子的健康。

一、充分休息三十到四十天

一般而言，自然產至少須休息三十天；剖腹產則須四十天；小產因為子宮及內膜會受傷，也須休息四十天，這點十分重要。許多小產的婦女認為「反正才一兩個月，肚子也沒大起來，所以沒關係」殊不知，只要是流產，子宮一定會受傷，絕對要照著坐月子的方法，做足四十天的月子，否則身體一樣受到損

害。

就像上面所說的，產婦要達到坐月子充分休息的條件，有些根本的問題必須克服，例如生活必需的飲食及孩子的照料等，在飲食方面的問題較小，因為可以利用坐月子料理外送服務；但孩子及產婦本身生活上的照料，就需要全家人共同分擔了，畢竟，「生孩子」是全家的事，若能全家總動員，不讓產婦有任何身體上的勞動，使產婦及寶寶都獲得很好的照顧，母子身體好，也是全家人之福。

二、臥床兩周

懷孕時內臟受到腹中寶寶的壓迫，等到生完後，內臟便鬆垮，為使內臟有良好的收縮，並且預防地心引力使內臟下垂，產後兩周內，除了吃飯、如廁之外，其餘時間均須臥床休息。

雖然「內臟下垂」對西醫而言根本不算是「病」，但根據莊淑旂博士長期的研究及臨床經驗，內臟下垂的確有可能是所有婦女病的根源，尤其又易產生脹氣，更會有其他病變產生。

三、綁腹帶

腹帶的作用是要提升內臟，防止下垂，並且能夠達到消除腹部、調整體型的功效。若再加上不喝水、不偷吃及偷喝任何不該吃或喝的東西，並且完全臥床至少兩周，坐完月子之後，產婦的肚子一定會消得很漂亮。

此處所謂的「腹帶」是一條寬度為三十到四十公分、長度為一千公分的白紗帶。有人以為只要把肚子束緊就好，於是便用坊間隨處可買到的束腹替代。但是，束腹的作用只是勒緊，未有任何承受力及托高作用，反而把內臟壓扁、變形，容易產生脹氣。

○綁腹帶的綁法

須依以下步驟進行—

1 將腹帶捲緊成一個實心圓筒狀備用。

2 仰臥平躺，雙腳弓起，腳底平放床上，膝蓋以上的大腿部份盡量與腹部成直角。

3 將臀部抬高，並於臀部下墊兩個墊子。

4 兩手放在下腹位置，以手心將內臟向心臟方向按摩推高。

5 拿開臀部下的墊子，開始綁。腹部下方必須重覆綁七圈，而且每繞一圈半必須在臀部兩側「斜摺」一次，務必綁緊；之後以每圈兩公分的間隔，一圈圈向上挪綁，共五圈，最後綁到肚臍上橫膈膜的位置後，即以安全別針固定。

因產後兩周內均須二十四小時臥床，因此建議全天綁著，

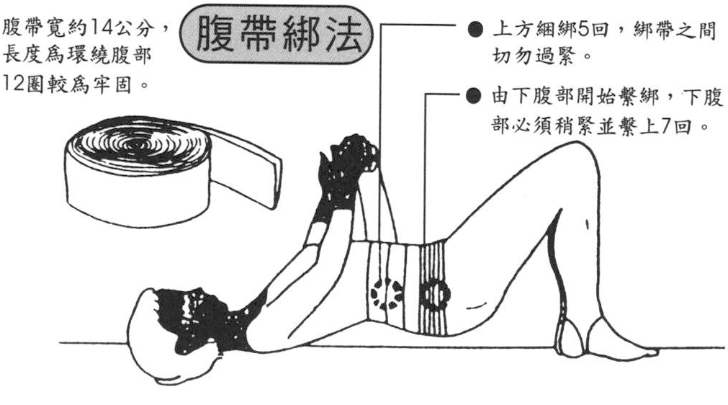
腹帶綁法
腹帶寬約14公分，長度爲環繞腹部12圈較爲牢固。
上方細綁5回，綁帶之間切勿過緊。
由下腹部開始繫綁，下腹部必須稍緊並繫上7回。

若有鬆掉的情形則重新再綁，第三周以後晚上睡覺時可拆下。因為是長時間使用，建議多準備幾條以替換。

四、須有舒適的環境

必須有舒適的環境，產婦才可能獲得高品質的修養。對產婦而言，「舒適環境」指的是：

1 室內溫度控制在攝氏二十五至二十八度間，濕度亦須適中。由於此時產婦的毛細孔張開，不論是熱風、冷風，或是由牆壁折回的風，都會透進骨頭內出不來，於是月子還沒做完，可能就已有症狀發生。

因此，夏天天氣非常炎熱時要維持室內適當的溫度，可以採用幾個方法：

A 由客廳開冷氣，並把房門打開。

B 若房間空間夠大，可以用屏風把冷氣整個擋住，並且用濕毛巾把風口堵

住，由於毛巾的通透性較低，以濕毛巾可以降低室內溫度，但又不致讓冷氣直接吹到產婦身上。

C產婦須穿著長袖長褲、襪子，並且戴上手套、帽子，有過敏情況者並應戴上口罩。衣物的厚薄依季節決定。

2光線柔和。因此時眼睛脆弱疲勞，不宜過度刺激，否則易加速眼睛的老化。要保護眼睛，建議在產婦所在的房間採微調式的燈泡。

3播放輕柔音樂。

4為減輕眼睛負擔，不可流眼淚，也不可閱讀書報雜誌。這一點尤須家人配合，因產婦在此時荷爾蒙仍處於不協調狀態，情緒不穩定，容易掉淚，所以家人必須事前先為她做好減壓動作，減少產婦掉淚的機會。當然，如果不小心真的掉淚了，心理壓力也不要太大，只要謹記不要再掉淚就好。

至於閱讀書報是絕對禁止的，但若真有些需要，必須每看十五分鐘休息十分鐘，降低眼睛疲勞的機率。此外，並可配合採用眼部保養法：

Ａ用一半熱水、一半冷米酒加鹽及薑汁混合，以毛巾用此水沾濕後擰乾，然後熱敷眼眶數分鐘，接著進行眼部按摩。

Ｂ按摩時最好採仰臥姿勢。首先要閉上眼睛、張開雙肘，以雙手的中指由鼻樑下方向上推，一直推到髮際。

Ｃ推到髮際的同時，以雙手的姆指置於眉頭下凹處，延著眼窩由裡向外用力壓揉，但不能壓到眼珠。中指則仍下壓在髮際。壓揉眼睛時必須咬緊牙根、收縮下巴，頸後要用力。進行時如有痛覺，表示眼睛疲勞，但仍須繼續進行，直到不痛為止。

在飲食方面，自第二周起，可吃雞肝（一百公克）燉枸杞（十公克，亦可枸杞五公克、冬虫五公克一起燉），或冬虫（十公克）燉雞肝（一百公克），也可以用九孔（或干貝）燉枸杞或冬虫（這道燉品在第三周開始吃）。

這些燉品均須用米精露（或廣和坐月子水）來調理，份量以蓋住材料為主，並且須隔水加蓋蒸一個小時。

以上燉品的份量為一天分，可每天吃，約吃一周即可減輕眼睛疲勞的狀況。

五、嚴禁洗澡、洗頭

在夏天吃熱的燉品，一定全身冒汗，一旦吹風，就會透進骨頭裡，所以絕不能吹風。至於洗澡洗頭的道理亦然，因為不論擦得多徹底，水分仍會留在表皮上，這時做任何動作、即便是揮手、走路這種輕微的動作，都會有微風產生，寒氣會滲到筋骨，所以，不吹風、不洗澡洗頭是產婦須絕對遵守的。

要做到不洗澡，但又要兼顧衛生，最好的方式就是減少流汗的機會不要吃太燙的食物以避免出汗。產婦食物須新鮮現做，但要少量多次食用，才不會一次吃多流汗。至於湯品，必須一口一口慢慢喝，最忌大口下肚。

在床頭準備兩條乾毛巾，以備不時之需，萬一流汗，立刻擦乾，但不可太用力，因為雙手易痠。

◎如何清潔身體、頭髮

產婦的新陳代謝旺盛，就算再小心，仍會流汗，再者，如果不定時清潔，毛細孔阻塞後，一樣會有症狀產生。至於皮膚的清潔法，產後兩周內以擦澡代替，第三周起可淋浴，滿月後始可泡澡。

產後兩周內的擦澡次數：夏天每天需擦澡二—三次。冬天每天需擦澡一次。

擦澡的方法：以一半熱開水、一半冷米酒綜合，並且加一點鹽鎮定神經，以毛巾沾濕擰乾後，逐步擦試身體，以清潔毛細孔。擦的時候不可一次將衣服

全部脫光，要逐步擦、逐步脫，擦到那裡就脫到那裡，擦完的部份再穿回去，以塊狀方式擦拭。擦完後再用全乾的毛巾擦乾，並抹上不帶薄荷、沒有涼性的痱子粉，以免受涼。

陰部清潔法：用一千西西茶葉水（可以烏龍茶包泡製）、十公克鹽、十西西藥用酒精清洗，具有收斂、清潔的效果，對於減輕痔瘡疼痛也有很好效果。此混合液亦可用於產後泡盆。

頭髮清潔法：要維持頭髮的清潔，最好在產前將頭髮剪短；如果頭皮癢，可以使用酒精隔水加溫之後，用脫脂棉或紗布沾溫酒精，把頭髮分開，直接擦在頭皮上，並且藉機進行按摩。頭髮的清潔則可借助於頭髮乾洗包（劑），但只能洗毛髮，不可碰頭皮。至於為什麼可以用酒精卻不能用熱水呢？那是因為酒精的揮發較快，且有清潔作用之故。

六、不可抱小孩

要一位剛和小貝比見面的媽媽不抱孩子，似乎是很殘忍，而且幾乎不可能的事，但是，依據莊淑旂博士多年來的經驗，以及廣和集團輔助這麼多產婦坐月子的經驗，月子期間抱孩子，對產婦、小貝比來說，都不是好事。原因是：

1 產後產婦全身筋骨衰弱的程度是常人的十二倍以上，一旦用力，由手臂連到腰骨處勢必痠痛，而且會造成內臟下垂。

2 剛出生的小貝比骨骼、內臟尚未完全長好，最好讓他盡量睡覺，常抱對他而言，易造成不良影響。

3 哭對孩子而言，也是一種運動。

餵奶的姿勢：因為不能抱孩子，所以餵母奶時，必須讓貝比和媽媽面對面側躺著餵，背部和頸部墊枕頭支撐。

拍嗝的姿勢：產婦背部墊枕頭斜躺，將貝比放在身上拍。

拍嗝的要領：

A餵奶時勿待小貝比哭了才餵，因此時他全身處於亢奮狀態，易產生脹氣。所以，媽媽應在餵奶時間到之前準備好。

B應在貝比未饑餓前及餵奶後進行按摩。媽媽可斜躺並將孩子抱在身上，以手指由上往下輕輕按摩貝比背部約三到五分鐘，使其氣通，餵完後再用同樣的方法按摩，很快就會打嗝。

七、不可幫孩子洗澡

之前已強調不可抱孩子，同理，當然不可幫孩子洗澡，尤其這個動作必須彎著腰進行，會造成產婦日後腰酸背痛及手腳痠麻，最好的方式，是請先生代勞，一來可增進彼此的感情，再者可以讓產婦獲得休息。

坐月子是女性一生中增進健康的最大良機

女人一生中有三次改變體質的機會，一次是初潮期，一次是生育期，最後一次則是更年期；特別是生育期，它是最能夠改變女人體質的最大機會。

生育是揚棄舊的廢物，生產新的物質。在懷孕十個月的時候，貯存於母體內的東西，會在生育時隨著胎兒一起排出，所以在體內發生重新創造的作用。也就是説，母體內已產生大規模的新陳代謝，嬰兒會給母體帶來新的青春和活力，甚至能藉此治療懷孕前的疾病。也因此生育後的調養是不容忽視的，倘若調養不足，將來極易發生包括癌症在內的慢性疾病；所以只要坐月子方法正確，要想再恢復往日體型不是一件困難的事，而且還能讓健康情況十分理想。

生兒育女是人生的大事情，而坐月子更是女性一生中增進健康的最大良機；唯有將自己調養的容光煥發，身心健康，才能擁有美好的人生，也唯有妳

健康，家中才會陽光普照、幸福美滿，所以坐月子是多麼重要！在珍惜坐月子的傳統智慧中，正確實行產婦的保養方法，除了擁有容光煥發、更能保有健康的財富！

何謂坐月子？

所謂坐月子就是婦女經過了懷孕的過程，在生產之後的三十天至四十天內，別於一般期間的生活方式、飲食方式以及休養的方式，而坐月子包括了自然產、剖腹產及小產；小產又包括了自然流產、人工流產及死胎(胎死腹中)；一般自然生產須坐月子三十天，剖腹產因為有傷口、小產因為是臨時中止懷孕，內分泌跟荷爾蒙會極度失調，均須好好調養至四十天。

剖腹產也要坐月子

許多人會問：剖腹產的產婦因身體上有傷口，是否還能吃「麻油」及「廣和坐月子水」的料理？其實剖腹產是刀傷，對身體來說影響並不大，只要傷口沒有發炎化膿，並沒有什麼關係，況且飲食中所加的「廣和坐月子水」，均不含酒精成分，而麻油只要選擇慢火烘培的「莊老師胡麻油」，如此就沒有什麼大問題了。

至於剖腹產者在坐月子的方法、原則上與自然生產者大同小異，只不過略須加強罷了，一般自然生產者須坐月子滿三十天，而剖腹產者則須四十天，又因動手術前須做麻醉注射，因為麻醉針的注射會使身體細胞沉睡而難於復蘇，而麻醉藥的藥效亦會於體內遊走，致使產後產生許多副作用，例如：脹氣、便秘、食欲不振、失眠、掉髮等，故剖腹產者可喝「養肝湯」來調理化解。

小產更需要坐月子來調養身體機能

另外，「小產」無論是自然流產或是人工流產，均應完全比照坐月子的方法，好好休養至少四十天。

很多人認為小產根本不需要坐月子，殊不知自然產或剖腹產的孕婦乃屬於瓜熟落地，待胎兒成熟後自然分娩出，如此對母體的傷害將大大減少；然而小產者因胎兒尚未成熟即終止懷孕，就好像果實未成熟即自樹上被硬摘下來，這樣對樹體（母體）的傷害，將會非常嚴重。

所以小產後的婦女，內分泌及子宮機能將嚴重失調，此時若不知要好好坐月子將受傷的機能調整回來，不僅身體將會愈來愈差，更有可能造成腰酸背痛、皮膚粗糙、容易老化、乳房下垂、不易受孕、習慣性流產，嚴重者甚至有可能罹患子宮肌瘤、卵巢瘤、子宮內膜異位、乳房纖維囊腫、子宮癌或乳癌！

坐月子的重要性

坐月子是女性健康的一個轉戾點，可以說，只要懂得把握坐月子改變體質的好機會，採用正確的坐月子方法，就有機會讓女人越生越健康，越生越美麗。

相反的，如果不用正確的方法好好坐月子，就有可能生了一胎老了十歲，生了一胎就變成了歐巴桑的體型、歐巴桑的體力、骨質疏鬆、鈣質流失，花容失色，甚至會提早更年期！

何謂做好月子？

坐月子既然這麼重要，那什麼樣才叫「把月子給做好了呢」？其實女性在懷孕期間，子宮撐大，內臟都被胎兒壓迫變了型；一但生產，子宮成為真空狀

態，內臟因不再受壓迫而產生鬆垮的狀態，此時內臟有拼命的要收縮回原來樣子的本能；若能夠在這個時候用正確坐月子的方法助內臟一臂之力，就有機會讓內臟迅速的恢復到原來的彈性、高度(也就是位置)、及功能，這樣就是體質改變；而因為體質改變了，就有可能將原來身體的症狀減輕甚至是消除，進而達到脫胎換骨的目的！而在外觀上首先就是要把撐大的肚子及增加的體重恢復到原狀，這樣月子就是做好了。

月子沒做好會如何？

坐月子期間因錯誤的飲食及生活方式，會破壞掉全身細胞及內臟收縮回來的本能，而造成內分泌、賀爾蒙嚴重失調以及「內臟下垂」的體型，而「內臟下垂」就是所有婦女病的根源。

產婦若於坐月子期間造成「內臟下垂」的體型，內臟運作即不活潑且易產生脹氣，除了會壓迫神經產生腰酸背痛的症狀外，日積月累就會從身體最弱的器官開始產生症狀，如潰瘍、腫瘤、體力及記憶力減退、眼睛疲勞、黑斑、掉髮及皺紋等未老先衰的症狀。所以產婦若沒做好月子，即有可能生了一胎就老了十歲，生了一胎就變成歐巴桑的體型、歐巴桑的體力、骨質疏鬆、鈣質流失，花容失色，甚至會提早更年期！

月子做好會如何？

坐月子雖然不能直接治療任何症狀，也不能減肥，但的確有機會因方法用對，改善了體質，讓細胞及內臟重新生長，恢復活潑及彈性，症狀也隨之減輕或消除，而體質的改變，也有可能讓偏差的體型逐漸恢復成正常體型。

所以在實際的案例上，有相當多的人利用坐月子改變體質的大好良機，改

善了過敏、氣喘、潰瘍、怕冷、黑斑、皺紋、掉髮、酸痛、便秘、易疲勞、肥胖或體重過輕等症狀。而原本體質就很好的產婦，在用正確的方法做完月子後，外觀就是將撐大的肚子消掉（但肚皮表層斷裂及鬆垮約需六個月的時間才會慢慢恢復），體力恢復回未懷孕之前原有的體力，沒有什麼太大的改變。

如何做好月子

做好月子的三大要領：

第一、坐月子的飲食方式要正確(60%)

特別提醒準媽媽，坐月子期間須嚴格遵守飲食第一大原則：即「滴水不沾」，所有料理的湯頭以及喝的水分均須以「米精露」或「廣和坐月子水」來烹調，而坐月子期間所有吃跟喝的食物內容與製作方法也跟一般期間的飲食完全不同，這個部分在『坐月子要項評分表』裏面，分數佔了六十分，是坐月子的三大要領中，最重要的一項。換句話說，即使妳花了很多的錢請人幫妳帶孩子，甚至到專業的坐月子中心去坐月子，然而只要在飲食方面沒有好好遵守的話，坐月子的效果仍然會非常不理想，由此可知坐月子期間飲食的重要性！

第二、坐月子的生活方式要正確（20%）

坐月子期間需要遵守正確的生活守則，比如說：坐月子期間不能洗頭，就請一定遵守三十天不洗頭，但要用正確的方法來清潔頭皮，否則容易堵塞頭皮毛細孔而產生不好的作用，又比如：坐月子期間的室溫須維持在二十五至二十八度之間，所以夏天坐月子，就必須要開空調，但卻要注意不可以吹到風！所以一定要想辦法將空調的風完全擋住，不可對著產婦吹，而且產婦須穿長褲、長袖、戴帽子、手套、圍巾，並且穿襪子來擋風！千萬不可道聽塗說，不去真正完全瞭解正確的坐月子生活守則，結果苦了自己，月子一樣做不好！

第三、產婦要有充分安靜的休養（20%）

產婦每天一定要安靜睡上八至十個小時，而一般會影響到產婦安靜休養的，就是剛出生的小貝比，所以要提醒準媽媽們，要在懷孕期間就先安排好產後坐月子三十至四十天，全職照顧小貝比的人手。

以上三點如果都能做到的話，不論妳在哪裡坐月子，都一定能將月子做的很好，相反的，如果其中有一項或二項無法做到，就算花了再多的錢，比如說到月子中心，或者是請了再多的人手來幫忙坐月子，一樣無法將月子做好！

坐月子要項評分表

坐月子期間飲食	60分
坐月子生活方式	20分
坐月子安靜休養	20分
合計	**100分**

在家做好月子的方法

一、選擇在家坐月子

每一個產婦，因為荷爾蒙改變的關係，精神上的疲勞都比較不容易恢復，情緒上也往往會為了一點小事就激動起來，尤其是面對到居住的環境突然改變，比如：剛生產時住院期間，或者特別為了要好好坐月子而住進月子中心等，常常因為對周圍的環境陌生而產生不安全感，甚至容易導致產後憂鬱症的發生！所以，在產前就先安排好坐月子期間的居住環境，是相當重要的一環。

然而，不論是五星級豪華的飯店、或是提供吃、住及小貝比照顧的月子中心，都遠遠不如產婦家中來的理想，因為，只有自己最溫暖的家，才是產婦早已熟悉的居住環境，而得到家人的陪伴及照顧，才能讓產婦真正沉浸在喜悅中而安心坐月子。

所以，只要事先決定在家坐月子，並先佈置好坐月子的環境，如：設置空調，但要想辦法將風口擋住、準備音響及錄音帶或CD片，以便坐月子期間可以聽聽優美的音樂或新聞，另外，室內燈光、窗簾的佈置、以及坐月子期間產婦的衣物、清潔的用品、用膳的桌子、嬰兒的用品……等等，那麼，坐月子的時候，就可以安安心心地在家把月子做得更好了！

二、選擇「廣和」全套的專業坐月子系列：

方案一：

只要先跟「廣和」購齊整套的坐月子系列產品，包含：「廣和坐月子水」五箱、「莊老師胡麻油」三瓶、「莊老師仙杜康」六盒、「莊老師婦寶」四盒及「莊老師養要康」一盒，坐月子的時候，只要請家人按照『坐月子的方法』一書中的「坐月子飲食篇」操作並使用「廣和坐月子水」及「莊老師胡麻油」

製作餐點，產婦同時再配合服用「莊老師仙杜康」、「莊老師婦寶」及「莊老師養要康」，並全程綁「莊老師束腹帶」，就可讓坐月子飲食的六十分輕鬆到手。

方案二：

可以選擇源於台灣、享譽中、美，並且口碑廣佈的「廣和月子餐外送服務」，坐月子的時候只要負責吃跟喝「廣和」送來的專業餐點，還要負責不偷吃、不偷喝其他任何東西，這樣更可以輕輕鬆鬆的拿到坐月子飲食的六十分！

三、熟讀『坐月子的方法』一書：

於懷孕期間就熟讀『坐月子的方法』中的坐月子生活注意事項，有問題就打電話到廣和客服專線詢問（0800-666-620），坐月子期間產婦在家裡頭自行遵守坐月子生活守則，這樣又可以輕鬆將坐月子生活正確的二十分拿到手！

四、安排坐月子期間到府專職褓母：

至少於產前二個月就先決定好坐月子期間到家中全職照顧小貝比的人手，而最佳的人選為媽媽、婆婆、姊妹、鄰居或專業褓母，如果實在找不到人的話，不妨跟準爸爸來協商，只要準爸爸事先學習如何幫小貝比洗澡（因為產婦是不能幫小貝比洗澡的），於坐月子期間，白天可以母嬰同室，產婦練習側躺著餵母奶及側身來換尿布，晚上則預先把母奶擠出，小貝比與新手爸爸跟產婦分開房間來睡，這樣才能讓產婦有八到十個小時充分安靜的睡眠，而晚上就由新手爸爸來餵奶及換尿布，如果母奶不夠的話可以再補充奶粉。

只要按照以上的方法來做的話，相信每個人都能夠輕輕鬆鬆在家裡就把月子做的非常好！

第三篇　乘勝追擊，產後六個月持續努力

追求健康美麗的路是沒有終點的，
尤其對自己的身材，
仍有更進一步期待時，
更不能停下腳步，
因為，在這六個月中，
一切仍有很大的可能存在——

生活注意事項

不少人依照此方法坐月子，本來一切都依期望發展，出了月子之後，因為沒有了束縛，於是放任食慾、大吃大喝，沒多久，又胖了起來。她們不禁懷疑，原來莊博士的坐月子法，效果只能維持一個月。

事實真的是如此嗎？當然不是，問題就出在產後半年這段時間的調理沒有做好，使得前功盡棄。坐月子期間可以消肚子和使內臟恢復，而滿月後的半年內，因細胞仍未完全恢復，仍須注意飲食。對於有心調整身材的媽媽來說，真正的工作自此才開始呢！

如果不滿意坐月子調理後的身材，想要更瘦一些的，可以利用這半年厲行減肥；而對於那些極須擺脫病美人形象的媽媽來說，也是增胖變健康的好機會。「要怎麼收穫，先那麼栽」愛美要健康的婦女，千萬別放過這個大好機會，反而花大錢、浪費時間去促進減肥美容業的繁榮。

產後半年的生活原則：

1 起床後到大自然中散步，維持活力。散步時須用「一直線走路法」進行，時間約十五至二十分鐘。方法如下：

a 臉微微上仰，收腹，背脊挺直，兩手以前三後四的比例擺動。

b 行進時，腳跟先著地，腳尖最後觸地，並且走一直線前進。行進中盡量排出穢氣，呼吸新鮮空氣。

2 散步至某一定點，脫去鞋子，赤足接觸草地，以接收地氣。然後做「防癌宇宙操」三至六分鐘，使氣血暢通。並拿布巾走路約十二至六十步，走時須四拍一步，不可太急促，將重心放在前腳，每走一步則手相上拉一次，效果才會好。防癌宇宙操的做法簡單，即使天候不佳亦不受場地限制。長期做可使

胸部變大、腰變細，全身末梢神經、津液、血液暢通。

3 散步結束後，須沖澡，於後全身放鬆，躺五到十五分鐘休息「接電」，這樣一天都會活力充沛。但須注意不可以睡著，一旦睡著反而會更疲倦。休息之後進行早餐前的飯後按摩，綁好腹帶，再吃豐盛的早餐。

4 出了月子若覺得肚子消的不夠，或者腹部有下墜感、腰痠，最好繼續綁腹帶，直至症狀消失。腹帶的捆綁時間是在每天晨起，梳洗、如廁之後即綁上；午晚餐前若腹帶鬆掉，則拆下重新綁緊後再進食；洗澡前將腹帶拆下，洗完澡後再將腹帶綁緊，直至睡前才將腹帶拆下備用。如果能持續半年更好。

許多職業婦女表示，上班時須穿著正式服裝，而腹帶的綁法複雜，又會影響衣著外觀，「根本不可能在上班的時候綁」！

要看待這個問題，不妨先看看廣和的一位客戶李小姐的例子。這位李小姐每天都感到疲倦，精神不佳，毛病很多，經詢問其過去病史及坐月子狀況，發現是月子沒做好，致內臟下垂嚴重。經過我們的建議，她不但厲行飲食及生活習慣改善，並且嘗試長時間綁腹帶。目前的她每天神采奕奕，不但身材維持得很好，原有的小毛病也不見了，更重要的是，現在看起來比當時年輕許多，而她經過長時間的綁腹帶實練，現在只須很短的時間就能把腹帶綁好，每天上班穿套裝也並沒有太大困擾，足証只要熟能生巧，綁腹帶與正常上班是可以並存的。

5 三餐飯前務必進行飯前按摩，以避免脹氣，保持氣的通暢。眼、耳、手、腳的迴轉、全身伸展等按摩最好都做。一般沒有特殊需求的婦女，可在產後半年內的飯前按摩加強耳朵的按摩；想減肥的婦女則要加強對耳朵及手的按摩；要增胖的婦女則加強眼睛的按摩。

6 維持飲食三二一原則。早餐吃得豐盛，以肉類為主；中餐以魚、貝、海鮮類

為主，以加強新陳代謝；晚餐要吃得清淡，以蔬菜為主。三餐都需搭配一定份量的蔬菜。睡前三小時則不可吃任何東西，也不可喝水。

7 平時飲食以溫性為主。事實上，不同體型的人，有不同的飲食對策與健康守則，須視自己的體型及期待而進行不同的規劃。

8 生理期間須以熱補為主，就像坐小月子一般。其原則是：

a 以少量多餐的方式進食及飲水。

b 忌食酸性、生冷、寒性及水分多的時物，多攝取刺激性、脂肪多的魚、肉類及甜食。

c 嚴格控制水分—A一日可攝取之水分總量為體重每一公斤，一天只能攝取十五西西的水分，此份量包含湯、飲料、果汁、炒菜的湯汁及水果的水分；B每次喝水的份量以一百西西為限；C以小口小口的方式慢慢地喝，且兩次攝取水分的時間須間隔四十分鐘以上。

d 以老薑、紅糖加水熬煮，當茶水飲用；為了促進新陳代謝，第一、二天吃麻油薑酒炒豬肝；第三天至第四天則將豬肝換成豬腰；第五天則食用麻油雞，可幫助體內廢物儘早排出，並補充體力。若經濟能力許可，可在每月月經來的第一天起服用莊老師仕女寶，連續吃五天。

e 嚴禁洗頭。生理期間頭皮浸水、毛髮淋溼，會造成子宮凝血，帶來後遺症。最好比照坐月子期間，以拖脂棉花沾熱酒精擦拭頭皮取代。

f 不熬夜，不破壞生活規律。

9 餵母奶的婦女因月經在此時仍未來，雖不必像前述一樣坐小月子，但每個月仍須吃五到七天的熱補，換言之，一周須有一到二天要吃麻油料理，例如麻油雞。

10 控制水分，不可大杯喝水；喝之前須先溫熱了再喝，每次喝水份量在一百二

十西西以內（包含水、湯），每次間隔時間在二十分鐘到三十分鐘之間；若要喝冰的水，必須一口含在嘴裡，待水的溫度和口腔的溫度相似，再慢慢吞下。

維持正常體型的飲食對策與健康守則

預防勝於治療，產後半年對女性來說，也是個重要時期，由於經過養胎及坐月子兩個階段的努力，很多人會在此時鬆懈，於是容易有偏食等習慣，所以，如果有此壞習慣，應儘快矯正過來，否則會引起種種症狀，更容易引起呼吸系統的前癌症狀，十分危險。所以，必須提早有警覺，由飲食及生活兩方面著手，必能改散情況。

產後半年內，正常體型者常遇到的問題，多數由於精神上、生理上疲勞，而造成神經不安定，消化器官機能減弱。由於消化器官不好，體內又常有積存「廢氣」的傾向，因此，若要改善上述狀況，就必須從穩定神經與增強胃腸功能兩方面著手。

飲食對策

以下是必須避免的飲食方式：

A 吃容易造成「氣」的食物。

B 吃有刺激性、有興奮作用的食物。

C 採取擾亂神經平衡的吃法。例如甜鹹混在一起吃，容易造成神經發生混亂。因為胃在運作時，對於單一口味最容易吸收，多口味混合的方式，會造成錯誤的吸收，種下神經性疾病的病根，甜加鹹再加酸，更是火上加油。

◎**禁忌食物：**

芥菜、胡椒、辣椒、薑、蔥、大蒜、火腿、香腸、臘肉、生蘿蔔、咖啡、烤魚、酥脆餅乾、馬鈴薯脆片、鍋巴、紅花油。

◎**有助益的食物：**

A珠貝、鮑魚等貝類食物，具有提高神經機能的作用，對於改善視神經疲勞特別有效；尤其是從事頭腦勞動工作的朋友，可以多吃。

B蓮藕有緩和神經緊張的作用，對於解除精神上、生理上的壓力反應特別有效。神經不安定的人通常會坐立不安、睡不著覺，而引起自律神經失調、內出血、子宮內膜炎、更年期障礙、胃潰瘍、鼻蓄膿、扁桃腺發炎等症狀。由於蓮藕在人體內有綜合協調的作用，所以它可以緩衝過度緊張的神經，只要有耐心地長期食用，自然可以痊癒。

C牛舌可以治癒神經性胃腸障礙，對於正常體型者而言，是十分適合經常食用的食物。不過坊間賣的滷牛舌，味道重，又在滷製的過程中添加了許多辛香料，反而會刺激神經、興奮神經、擾亂神經，使人產生焦慮感，所以神經不安定的人要少吃。

牛舌買回來後，要先洗淨、抹上少許鹽，蒸熟即可食用。千萬不要加胡

椒、醬油等辛香料。

D其他如蚵蠣、蛤蠣、海藻、菠菜、綠菜花、豌豆、豌豆夾、敏豆、甘藍菜、毛豆、蘿蔔、茼蒿、慈菇、植物性油（如大豆油、玉米油）牛舌、雞屯、豬腰、蛋、白身魚等。

E不紡在飲食中加一點白蘭地或白葡萄酒，對身體有好處，並且必須定時定量，過飽或過餓都不可以。

◎推荐食譜：

※麻油雞

材料：雞塊一百五十公克、雞肫一百五十公克、薑三十公克、麻油二大匙半、米酒二杯半、水四杯、鹽少許，紅蘿蔔、生菜適量。

作法：

1雞塊和雞肫用熱水氽燙一下，瀝乾。

2 用麻油炒薑，加入雞塊與雞肫，再加半量的米酒和四杯水用大火煮開。

3 改用小火煮約四十分鐘，再將半量的米酒加入，煮兩分鐘即可。

4 紅蘿蔔和生菜用鹽水稍煮，可以配著吃。

※炒腰花

材料：腰子一付、薑六十公克、米酒一杯、麻油兩大匙。

作法：

1 腰子剝開，取出內部白筋，表面斜切格子花，再切成一口大小，在流水下沖洗三個小時後，瀝去水分，過一下滾水，再瀝乾。

2 用麻油炒薑片，加入腰花，用大火快炒。

3 加入米酒，以大火煮開後立刻熄火。須趁熱吃。

※牛舌大豆

材料：牛舌一百五十公克、大豆一百八十公克、沙拉菜一株、仙杜康適量、薑少許、麻油三大匙、燒酒四杯。

作法：

1 燒酒與熱開水各佔一半比率調和，將大豆泡在此中一夜。

2 鍋裡放麻油三匙加熱，將連皮切細的薑絲放入，煮至褐色。

3 將牛舌、大豆連汁一起加入，煮一到兩個小時。

4 熄火前，將沙拉菜一片片剝下放入。

5 器皿中放入沙拉菜，再盛入牛舌片、大豆及仙杜康即可食用。

效用：大豆含有豐富的維他A、B、C，是豆類中最有營養的一種。大豆和雞肫、牛舌一起煮，對感冒不易根治的人有效。煮最好是單味、鹹的，亦可用於補充奶源。

※炒菠菜

材料：菠菜、紅蘿蔔、蝦米、香菇、麻油、米酒、鹽。以菠菜為主，分量隨意，其餘配料少許。

作法：

1 菠菜根部紅色的部分切細，紅蘿蔔、香菇切碎。

2 起油鍋，先炒配料，再炒菠菜，最後加入麻油、米酒、鹽少許。

※干貝白菜濃湯

材料：干貝罐頭半罐、大白菜半顆、牛奶半杯、太白粉與植物油適量。

作法：

1 大白菜洗淨切絲，菜心的部分要切碎。
2 起油鍋，先炒菜心，再炒菜葉，加入少許鹽。
3 把干貝加入一起炒，續加入干貝罐頭汁煮開。
4 太白粉用牛奶調開，慢慢加入，以小火攪拌芶芡。
效用：大白菜和干貝都對神經不安定的人有穩定情緒的作用，白菜心不要丟棄，全部都用來調理才好。

※干貝湯麵

材料：干貝二個、香菇二個、油菜四株、麵條適量、鹽與植物油少許。
作法：
1 將干貝用流水快洗，以小碗裝水，泡在碗中待軟，再把碗放在鍋內蒸十分鐘。

2 香菇泡水，油菜洗淨切小段。

3 干貝與香菇用浸泡的水一起煮軟，加鹽調味。

4 另外用熱油炒油菜，加鹽調味，加入干貝和香菇湯。

5 將適量的麵條煮熟，置於大碗內，加入干貝湯即可食用。

※菊花茶

材料：杭菊花（或食用菊）體重每四公斤需要一公克、熱開水（體重每四公斤需要三十西西）。

作法：將菊花放入壺裡，沖入適當份量熱開水，放置一夜。

喝法：菊花茶略帶苦味，可以直接飲用，或是加入鹽或威士忌酒，效果更好。

效用：杭菊花在中藥店有售，有恢復腦神經疲勞的作用。

※草決明茶

材料：草決明七公克（約二小匙）、熱開水一千到一千五百西西。

作法：將沒有炒過的草決明洗淨，放入壺裡，注入適當分量的熱開水，蓋壺口，靜置三小時，將湯過濾飲用。

喝法：可以加幾滴白蘭地酒或極少量的鹽來喝，也可以用來泡紅茶喝。冬天量以一千西西、夏天量以一千五百西西為宜。

效用：草決明具有鎮定神經、消炎的作用，使視神經不易疲勞，不僅對治療眼睛充血有效，使粘膜不易發炎，同時對治療慢性胃炎也有功效。當胃有症狀出現時，可以當健康茶，天天飲用必可改善病情。正常體型的人，每天喝的份量、時間及次數均可自由安排；偏瘦及神經不安定的人，一次飲用的分量則限在一百西西以內。

健康生活守則：

A按摩耳朵。B坐三段式座墊。採取正確坐姿，使腰桿挺直。C注意走路姿勢。D做消除疲勞的體操。E飯前仰臥在床上，做耳朵按摩。F用蛋白洗臉。方法是將蛋白放在冰箱，取出適量抹在臉上，等二、三分鐘、蛋白乾了再洗臉。用蛋白洗臉不僅能清潔皮膚，還有美容效果。次外，用蛋白洗頭效果也很不錯。G冷熱水交替淋足部。腳踝、腳底及其周邊，還有小腿，腳趾乃至整個腳丫子，都要仔細按摩。方法是以熱水垂直沖，溫暖腳部，水溫可以高一些，等腳暖和起來，受不了熱水溫度時，再改用冷水沖。如此交替各沖三次，可以安定神經，有助睡眠。H睡茶葉枕，功用也是安定神經，可幫助入睡。I清晨散步，赤足走在草地或土地上，吸收大地的養分；用樹根（不要用塑膠等人工製品）刺激腳底，直到沒有疼痛的地方為止。這個動作可以防止老化。J做眼部指壓，戴太陽眼鏡保護眼睛。K躺在硬床上，做腳部運動。

持續減肥者的飲食對策及健康守則

坐完月子的婦女，雖然可經由正確的飲食而改善體質，身材也獲得控制。但是仍有不少婦女在坐完月子後，仍有持續減肥的需求，這類婦女的身材多為上腹突出者，亦即在胃部及腰圍較突出。所以，持續在生活飲食習慣上注意，是十分必要的。

飲食對策

A嚴格遵守「早餐三、午餐二、晚餐一」的攝食原則。其中早餐以肉類為主；午餐不妨以仙杜康替代米飯，分量約為三至六包，主菜則為魚類；晚餐這一餐更要改成愈簡單愈好，可以吃蒸粥，再配一些清淡的蔬菜等較易消化的食物；亦可完全不吃主食，而以湯代替，並且吃大量蔬菜，避免飢餓。

至於宵夜更是嚴格禁止，最好在晚上睡覺前三、四個鐘頭內不要再吃東西，換言之，晚上十一點半就寢，七點半過後就不應再吃東西。吃飯時緊閉雙唇，用左右兩邊臼齒交替細嚼。

B多吃寒冷類、酸類的食品，以促進體內新陳代謝。但此法必須採漸進式，而且所謂的寒冷也不可太冷，不妨多多利用檸檬汁，在每樣食物，都配上醋或檸檬，這樣對新陳代謝很有幫助。

C這種上腹突出的婦女，胃裡面容易滯留「氣」或老廢物，一定要設法排出體外。不妨用梅乾、牛舌或蘿蔔提高胃的消化作用，或以牛蒡的纖維刺激胃壁，都是很好的排氣食物。而蘿蔔的水分較多，平常可以將蘿蔔絞汁代替煮湯或炒菜、蒸粥。牛舌對胃腸機能衰弱者，也有很好的治療效果。

D吃多刺激性食物，日積月累，加上此類身材者平日血壓就較高，如果再吃刺激性食物，很可能造成心臟病發作，腦溢血或是貧血而倒下的結局。所以，

甜的、油膩的、刺激的、烤的、炒的都不適合。

◎**禁忌食物：**

糖、餅乾、油炸物、牛油、多脂肪肉炒的菜、薑、芥茉、辣椒、胡椒、咖哩、蔥類、大蒜、火腿、香腸、燻肉、烤土司、烤魚、烤肉、鍋巴、餅、煎餅、炒過的豆、咖啡等及烈酒等。其中薑可以在生理期時吃。

◎**有助益的食物：**

海藻類、蒟蒻、蘿蔔、牛蒡、大芥菜、青番茄、豆腐、生菜、苦瓜、小黃瓜、豆芽、木耳、酸梅、草莓、柑橘類、番茄醬、養樂多、醋伴涼菜類等。而檸檬、醋及鳳梨則可少量食用。

◎**推荐食譜：**

※**高麗菜肉捲**（四人份）

材料：高麗菜四片。1雞胸肉絞肉兩百公克、土司麵包粉四分之一杯、低脂鮮奶水四分之一杯、酒一大匙、鹽二分之一小匙；2蘿蔔汁三杯、鹽少許；3牛奶一杯、太白粉少許、鹽少許。

作法：

1將1類一起拌，分成四份，用高麗菜葉包成四捲。

2將高麗菜捲用2煮二十分鐘左右，待軟，加入3稍煮，芶好芡即可。

效用：高麗菜對身體有促進調和的作用，用雞胸肉是針對上腹突出體形而設計。

※金針木耳

材料：金針三十公克、木耳兩公克、酒一大匙、鹽一小匙、水五杯。

作法：將金針、木耳加入鹽、酒、水煮熟即可。

效用：金針菜富纖維，可以促進代謝，並有鎮靜作用，木耳能排除老廢物和脹氣，兩者並用，效果顯著。

※高麗菜炒扇貝

材料：高麗菜、扇貝、植物油、鹽、帶皮的檸檬榨汁。

作法：

1 將高麗菜切半寸寬、二寸長的直條。

2 起油鍋，將高麗菜炒熟，加入扇貝與檸檬汁同炒，加鹽調味即可。

效用：扇貝對眼睛疲勞、肩膀痠、頭痛都有功效，高麗菜消化好，兩者合炒常吃對身體好。

※苦瓜釀肉

材料：苦瓜、豬絞肉、大白菜、太白粉、鹽、植物油。

作法：苦瓜橫切斷，將其中的內膜與子除去，使中空成圈，鹽醃片刻（可去一半苦味），釀以豬絞肉，沾少許太白粉加水調成的汁，使較易黏牢。用油煎時，須等它熟後，再加入大白菜及少許水，燜片刻即可。

效用：苦瓜氣味苦、寒，具有除邪熱、解勞乏、清心明目，益氣壯陽之效。苦瓜性寒，不宜多食，對於上腹突出體型的人而言，苦瓜是夏季有益的蔬菜。

※牛舌煮蔬菜

材料：竹筍（須整顆帶土）、香菇三個、大白菜一個、青色花椰菜小半個、青色的蔬菜或豆類適量、牛舌四十公克、油三大匙、鹽一小匙、酒一大匙、醬油一大匙、太白粉兩小匙、蠔油一大匙。

作法：

1 竹筍洗淨、燙好後再去皮切成薄片；香菇每個切成四份；大白菜切成三段；青色花椰菜剝成小朵燙好（菜湯備用）；牛舌切成薄片，加入鹽、酒、醬油浸泡。

2 起油鍋，先炒香菇、白菜，然後放進筍片、花椰菜，再加入牛舌，與泡過水的太白粉混合，放些蠔油後熄火。

效用：筍子要燙好後再去皮切片，才能保持原味，也才會香；筍並沒有什麼營養，但富纖維質可促進腸的蠕動，幫助排便。對營養過剩的人，吃再多筍也不會發胖，可產生飽足感。牛舌可幫助腸胃運作。

※洋菜小黃瓜涼拌

材料：細洋菜兩公克、小黃瓜兩條、豆芽八十公克、小粒蕃茄十二個、醋三大匙、鹽少許、麻油一小匙。

作法：

1細洋菜切長段，用涼開水發泡半小時，瀝乾水分備用。

2小黃瓜洗淨後，用冷開水沖過，切細絲。

3豆芽洗淨燙熟後放涼備用。

4將上述材料加入小番茄、醋、鹽、麻油拌勻，入味即可。

本道菜加入海蜇皮或墨魚（泡水去鹽分，切細絲，用熱水燙用），則更豐富。海藻類能促進甲狀腺的機能，乃健康食品，和多纖維質的蔬菜一起用醋涼拌，是很好的一道菜。

效用：黃瓜也叫胡瓜，胚胎（種子）含有豐富維他命B，胃部突出、腰圍豐滿、胃擴張、高血壓的人都可生吃黃瓜，滴醋或檸檬汁，效果更好。

※雞肫蔬菜湯

材料：雞肫兩百公克、雞皮六十公克、薑二十公克、水一千西西、胡蘿蔔汁一千西西、麻油四十西西。

作法：

1 將麻油放入鍋中燒熱，放入薑片攪動幾下，至薑成褐色時取出。

2 放入雞肫片、雞皮炒一下，加入胡蘿蔔汁、水、鹽及少許酒，待沸騰後煮一小時，用紗布濾出精汁，放在熱水瓶中，一日分數次喝。

效用：雞肫對胃有好處，精華全在黃膜上，一般人嫌髒，都棄之不食，非常可惜。購買時要先說好要帶黃膜的，自己回家洗淨即可。不喜歡雞油和麻油的人，可以把精汁放進冰箱使之冷卻，凝固的油脂部分就不難拿掉了。另外，清炒白芝麻（體重每兩公斤用一公克），再準備仙杜康（每日六包）。首先，咀嚼白芝麻，其次咀嚼仙杜康，然後再喝精汁，這樣對排氣、排便都有幫助。

※蛤蜊蘿蔔

材料：蘿蔔三分之一根、蛤蜊一百公克、木耳一大匙、醬油一小匙、油三大匙、太白粉半大匙、水一大匙、米酒少許。

作法：

1 蘿蔔洗淨削皮切塊；蛤蜊用稀鹽水洗後放乾，加入少量米酒、鹽放置五至六分鐘；木耳浸水後去掉硬的部分。

2 鍋裡放油加熱，用大火炒蛤蜊，即放木耳、蘿蔔，待蘿蔔軟化時，加入太白粉、鹽、醬油即可。

效用：蛤蜊對上腹突出的人，有促進代謝的作用，蘿蔔與木耳都可幫助排氣。

※味噌蘿蔔湯

材料：蘿蔔三百公克、味噌半杯、海帶十五公分、高湯六杯、陳皮少許、鹽半小匙。

作法：

1將高湯煮開，加入蘿蔔、海帶、陳皮、用小火燜煮約一小時，加入鹽、味噌即可。

2注意要慢慢煮，不要破壞蘿蔔的成分，還可以加些鮭魚、章魚或是蛤蜆肉一起煮來吃，味道更鮮美。

※什錦湯

材料：豆腐一塊、蘿蔔兩百公克、香菇兩朵、牛蒡小半支、蓮藕三十公克、荸薺兩百公克（罐裝）、海帶高湯或荸薺罐頭的汁連水共四杯半、蒟蒻半塊、柚皮或檸檬皮少許，植物油兩大匙、鹽半小匙。

作法：

1香菇用熱水泡漲，切細絲；牛蒡、蘿蔔、蓮藕、蒟蒻切細絲備用。

2植物油燒熱，將上述材料一起放入鍋中略炒後取出。

3海帶高湯煮開，將切好的菜放入，再將豆腐切塊與陳皮或檸檬皮一起加入，先以大火煮開，再以小火煮二十分鐘即可。

效用：蔬菜能促進代謝作用，採用多種類可攝取到不同的營養素，同時可幫助健胃。

健康守則：

A不要吃過量，不要吃宵夜。B一天三餐以三、二、一的份量攝取。C飯前多做耳朵按摩。D用三段式坐墊。E注意走路的方法，此處不妨採用一

直線走路法。F多做防癌宇宙操。G每天清晨散步，赤足走草地。H吃東西時用正確咀嚼法，嘴巴閉起來，細細咀嚼。

持續增胖者的飲食對策及健康守則

對於有意再增胖的婦女來說，水分的控制很重要。體重每一公斤每天只能攝取十五西西的水分，其中還包括喝湯及水果中的水分。

飲食原則

A每天用量杯量一天所需的水分（寧少勿多），將熱開水置入保溫杯中，想要喝水時再倒入小杯中慢慢喝。一天的量喝完，就不要再喝水。

B飲料中不妨加入一些威士忌酒或日本清酒，對身體都有幫助。在調理食品時，以米酒代替水分更好。

C每餐飯前要做消除脹氣的體操或按摩，如果可能的話，躺著休息十分鐘再吃飯，體內較不會容易生「氣」。

D少吃水分多的食物，避免寒性的菜及酸的東西。

E不用怕吃肥肉或巧克力，相反的，因為身體較冷，所以需要這些「熱」的食物。

F牛、豬的肝臟及雞肉等食品，對身體有「溫」的作用，吃烤土司、烤魚等快要焦的食物也有效。

G糯米在腸內消化得慢，當它在腸管內緩緩移動時刺激腸壁，使腸壁運作活潑。對於想增胖的人來說，是不錯的食物，不過，也正由於糯米不易消化，雖有好處，仍不宜吃得過猛、過多。

H辣椒、椒椒等對神經有興奮作用的食物，如能適量，可提高腸胃的活動。

◎禁忌食物：

海藻類、竹筍、牛蒡、醃白菜、南瓜、大芥菜等涼性食物；醋、檸檬、鹹梅、鳳梨、草莓、柑橘、酸乳酪等酸性食物；生蔬菜、生水、生雞蛋、生魚片等生的食物；紅花油、茶拌飯、蕎麥粉等。

◎助益的食物：

大蒜、薑、辣椒、芥茉、蔥、咖哩、火腿、香腸、臘味、魚、帶皮雞肉、雞皮、牛尾、雞翅、豬腰、動物性油如牛油、豬油等；糕點最好在飯後吃，烤的東西如烤土司、烤魚、烤肉串、餅乾等偶爾也可以吃。

◎推荐食譜：

※油煎雞腿

材料：雞腿肉（帶骨）四隻、鹽與咖哩粉少許、沙拉油三大匙、牛油一大匙、
馬鈴薯兩個、紅蘿蔔適量。

作法：

1 將雞腿洗淨瀝乾水分、抹上鹽和咖哩。

2 鍋中倒入沙拉油和牛油加熱，用中火將雞腿兩面炸成褐色後，加蓋以小火炸透。

3 將切細的馬鈴薯先炸過，排在盤底，再放入雞腿，旁邊襯以用牛油、水煮成的紅蘿蔔塊。

效用：雞肉含有豐富的蛋白質，容易消化吸收，可增加皮膚彈性，保持青春。

※咖哩雞

材料：雞一隻但不要頭腳、馬鈴薯三個、洋蔥丁半杯、大蒜三粒、豬油六大匙、咖哩粉一大匙半、鹽一小匙、酒數滴。

作法：

1 將雞剁塊、過水；馬鈴薯切塊，用熱油炸到外面呈金黃時撈起。

2起油鍋，用三大匙油爆炒蒜屑及洋蔥丁，並加入咖哩粉略炒，放入雞塊再續炒到透出咖哩香味後，淋數滴酒，並加入冷水（以蓋滿雞為準），約煮二十分鐘，加鹽調味。

3將炸過的馬鈴薯塊加入同煮約十分鐘，湯汁快收乾時，淋少許熱油便可盛起。

效用：洋蔥的特性在提高已退化的機能，對於怕冷、低血壓、顏面鬆弛或由於機能退化導致的性慾減退等症狀，能夠使其恢復正常。吃咖哩洋蔥等於是雙重刺激，對於低血壓、怕冷等症狀者最適合。

※麻油雞

材料：雞塊三百公克、老薑七十公克、米酒兩杯、水四杯、黑麻油二到三大匙、鹽少許。

作法：

1將黑麻油倒入鍋中加熱，放入老薑，炒到微焦。

2加進雞塊略炒，倒入米酒與水，約煮二十分鐘，至湯汁快收乾時即可。

效用：薑的味道辛、散，有刺激性，其作用在調節人體的溫度，加上麻油，使本道菜能暖和身體，也可以排除下腹的「氣」，可經常食用。

※油炸肉丸

材料：豬絞肉兩百公克、薑少許、米酒三大匙半、蛋黃一個、鹽少許、太白粉兩大匙、炸油適量、洋蔥一個、香菇兩個、青椒兩個、紅蘿蔔五到六公分、油兩大匙。

作法：

1豬絞肉再切碎，加入薑末，米酒（半大匙）、蛋黃、鹽、化開的太白粉，拌勻後分成四份，搓成四個小肉丸。

2炸油下鍋燒沸，將肉丸放入，兩面炸黃後取出。

3起油鍋，把洋蔥、香菇（泡好）、青椒、紅蘿蔔切塊放入，爆炒片刻，加入炸好的肉丸、米酒（三大匙）、清水少許，燒滾後改用小火悶煮，約二十分鐘即可食用。

效用：多種有暖身效果的蔬菜和肉丸合煮，既富營養，又可增加體力，適合衰弱、產後想要持續增胖的人食用。

※煎煮干貝玉米

材料：干貝兩個、牛油一大匙、玉米罐（條狀）一小罐約兩百二十公克、青豆兩大匙，鹽半小匙。

作法：

1將干貝洗淨，加水半杯泡軟或蒸軟（約半小時），撕成細絲。

2將牛油放入鍋中燒，爆炒干貝絲、青豆、玉米條，然後加入泡干貝的水、玉米罐汁、鹽，大火燒開，再以小火略煮約十分鐘即可。

效用：干貝有鎮靜作用，也有整腸、強壯身體的效果，味道也很鮮美。玉米可以袪除視神經的疲勞，青色的豆對肝臟好。

※補氣湯

材料：山芋一百公克、大豆十公克、冬瓜汁六百西西、薑少許、冰糖適量。

作法：

1山芋連皮洗淨，切成小塊；薑連皮切片。

2把山芋、薑、冬瓜汁放入鍋內，以大火煮開後，加入大豆，再以小火煮約一小時。

3山芋煮軟後，加入冰糖即可。

效用：山芋和大豆煮湯，有增進體力、消除疲勞的效果。心臟機能較差者，宜多吃紅豆；腎臟機能較差者，宜吃黑豆；肝臟機能較差者，宜吃綠豆；呼吸器官衰弱的人，宜吃大豆。

這道菜使用的豆類可依身體狀況的不同而選擇。吃這道菜的適宜時間在上午十點和下午三點，當點心吃。吃之前先躺下按摩耳朵，把胃裡的氣通一通，略為消除疲勞後再吃；吃之前能睡一下也很好。如能在湯中滴一些威士忌酒或白蘭地酒也很好。

※速成甜酒

材料：酒釀約十公克、溫開水半杯、牛奶半杯、白糖一大匙、薑汁少許。
作法：將酒釀與溫開水放入鍋中煮沸。加入牛奶、白糖、薑汁再燒滾即可。
效用：酒釀、牛奶和薑汁做成的甜酒，適合拿來溫暖身體。

※油飯

材料：糯米四百公克、豬肉一百公克、香菇二十公克、蝦米五十公克、薑適量、麻油兩大匙、酒兩大匙、醬油一大匙半、鹽一小匙、仙杜康二包。
作法：
1 糯米洗後浸水一夜，倒出水後蒸約四十分鐘即成糯米飯。
2 豬肉切細絲，香菇將硬的部分取掉後切細絲；蝦米洗後浸水；生薑用刷子擦洗後，拍碎，再將其切成細絲。

3將麻油倒入鍋中加熱，放入薑、豬肉炒成褐色後，倒進蝦米香菇，再將仙杜康、酒、醬油、鹽放入，稍煮一下，再倒入糯米飯，炒拌均勻即可。

效用：糯米對要持續增胖的人是很好的食物，仙杜康中含有薏仁、甘草等成分，是一種營養健康的食物，對消化器官機能差、特別是腸不好的人，有特殊的效果。

健康守則：

1按摩耳朵。2採三段式椅墊坐法。3正確的走路姿勢。4下腹須綁腹帶。5力行三段式入浴法。泡法為：第一段先泡膝蓋以上十公分，泡約五分鐘，泡時可以一腳的腳跟踩另一腳的腳趾尖，並互換，以進行按摩。為免著

涼，可將浴巾披在肩上；第二段為肚臍以上泡三分鐘；同樣披著浴巾，同時在眼睛、耳朵、髮際與頭中央等僵硬處指壓和按摩；第三段須取下肩上的浴巾，浸泡至肩部兩分鐘，同時指壓和按摩腳跟與腳踝。這種入浴法一天頂多泡兩回，可有效恢復疲勞，使全身活絡。6不提重物。7避免長時間站立。8注意足部保暖。不妨以米酒薑汁泡腳，一個月中可連續泡五天，飯前或睡前泡，一天一次。9飯前先按摩，飯後並躺下來休息十分鐘。10洗臉時，要做打面頰的按摩。因為臉頰對應到脾臟，要多活絡它們，方法為兩手張開平舉，頭抬高，牙根咬緊、閉唇。由下往上用兩手指尖拍打臉頰上顴骨處，打一百次。11做眼部指壓。因為瘦的人腸胃吸收不好，眼睛容易疲倦，所以可以在三餐飯前及睡前或眼睛疲勞時做，一天至少做四次。12要做血液檢驗。

產後半年內的生活禁忌

1禁提重物。要抱小孩時，不可直接彎腰抱起，正確方法是坐下再抱著、站起。2避免劇烈運動、爬山、爬樓梯，因為易使內臟下垂，站太久、走太久亦不好。3跑跳，不論慢或快、以免地心引力作用造成內臟下垂。4不可站著吃東西。5不吃味道過重的東西。例如過鹹、過辣者，必須循序漸進。6忌食太多酸性、涼性食物，例如白菜、酸菜、竹筍、白蘿蔔等，尤其在出月子的第一、二個月最好不要吃太多，之後再慢慢恢復。

防癌宇宙操

須事先準備一條「宇宙巾」，或者方便雙手掌握的布巾。動作如下：

1 預備動作：

雙腿併攏直立、膝蓋挺直、大腿內側肌肉用力收緊、提肛（縮緊肛門）、縮小腹、挺胸、舌頭頂住上顎、咬緊臼齒、緊閉雙唇、將布巾平行等長掛在脖子上。

2 第一節：

A右腳往前跨出一步，重心隨之前移，腰桿挺直固定（避免搖晃）。此時左腳腳跟自然提起，腳尖點地，雙手合掌、雙臂向前伸直平舉，將雙手手掌之虎口盡量打開，略高於肩，與頭成四十五度；兩眼看指尖處。B雙手分開與肩同寬，掌心相對伸直，提肛、收腹展胸，吸氣，咬緊臼齒，緊閉雙唇，舌尖頂住上顎。頭向後仰，拉直脖子，甲狀腺通暢，兩眼由掌心之間望向藍天，手臂伸直。C雙手上舉，以肩膀為中心，前後十五度擺振十六次，用肩膀的力量牽動全手擺動，先向後擺，再以放鬆彈回前面，以刺激雙腋下淋巴腺。D雙手放下，還原到A的動作。E右腳收回，換左腳重複做ABC各步驟動作。F頭部慢慢由右至左及由左至右各繞一圈，每圈各為八拍，左右共十六拍，做得越慢越好，幅度越大越好，有如頭上繫條繩子劃一大圈。此繞頭運動叫作「搖天柱」，可打通全身上下氣血及前後任督二脈，使氣血更暢通，此動作可隨時做，使頭腦更加清晰。

3第二節：

本節動作與第一節大致相同，但掌心方向改變，頭部活動也改為肩部活動。A右腳往前踏出一步，重心前移，腰部固定勿搖晃，左腳跟自然提起，腳尖著地。雙手虎口張開併貼，掌心向下，食指緊貼，大拇指緊靠並朝下，雙臂向前平舉略高於肩，成四十五度。B雙手慢慢分開，上舉到頭部，掌心向前，與肩同寬。雙手上舉的同時，提肛、收腹展胸，咬緊臼齒，雙唇緊閉，舌尖頂住上顎。收腹展胸時，同時吸氣，頭部慢慢向後仰，兩眼由雙手間望向天空，手臂要伸直。C雙手上舉以肩部為中心，前後擺動約十五度，擺振

十六次。（如第一節）D雙手慢慢放，還原到A的動作。E右腳收回，換左腳繼續做上述相同的動作。F雙肩由前向後，及由後向前各環繞四圈，也就是向前縮肩向上聳肩向後展肩，讓肩膀前後各打圈子四次共十六拍。此繞肩動作進行時，腎臟會隨之上下充分的運動與刺激，使腎氣、腎水充裕，對健康極有幫助。

4第三節：本節的動作除了掌心方向改變之外，同時加上「指尖壓掌心」及兩腳尖踮起的動作。A先用右腳往前踏出一步，重心前移；腰部固定勿使搖動。左腳尖著地，雙手手背相對靠攏、掌心向外，雙臂高舉至略高於肩，與頭部成四十五度，兩眼直視指尖。B雙手分開上舉，手背仍然相對，虎口打開，提肛、收腹展胸，緊咬臼齒，舌尖頂住上顎，頭後仰，以刺激頸部甲狀腺。手臂上舉伸直用力扭轉，雙手掌心向外前後擺振十六次。C雙手慢慢放下，恢復到本節A的動作。右腳收回，換左腳繼續做ABC的動作。D雙腳併攏、踮起腳尖站立，以刺激足尖之末梢神經，雙手屈肘靠於腰際。掌心向上，雙手與胸同高，指關節循序彎曲，指尖壓掌心之勞宮穴，可通達肺部，活絡肺部功能，同時指尖末梢神經也充分刺激到，故氣血會更加通暢。E腳跟著地，讓腳掌充分吸收地靈之氣，同時雙手手指張開，虎口也盡量打開。F與DE的動作相同，反覆做四次，共十六拍。

5第四節：本節動作對於改善胃不舒服、食慾不振有良好效果，若與第五節動作一起做，並可幫助青少年發育得更好。A雙腳併攏，全身伸直，雙手前伸，掌心向上，布巾掛在頸項間，布巾兩端置於指間「虎口」處，用拇指壓緊布巾，此時雙手屈肘，兩肘須緊靠於腰際，指尖向前，雙手與胸圍同高。B雙手慢慢上舉並且向後移，姆指仍壓緊布巾，並將布巾由脖子上舉至頭頂上方，再由頭頂越過頭部挪至正前方之後，兩手伸直。此時掌心向上，布巾

仍置於指間虎口處。C兩手同時將手指關節循序彎曲，指尖壓掌心的「勞宮穴」，以刺激掌心。此時仍須握緊布巾。雙手手臂先向裡轉，再向外翻轉，掌心向外，此時手背、手心都有布巾。雙手用力拉緊布巾，再用力伸直，勿使鬆懈，同時握緊拳頭，抓緊布巾並以指尖刺激掌心。D手指併攏、握拳，抓緊布巾，雙手手臂再由裡向外盡量翻轉，手肘不彎，掌心向外，將布巾再度拉直。掌心向外時，手肘自然隨之向外，此時，手臂自然會用力，你將明顯感覺到由拳心處有一股力量，在拉動手臂內側肌肉，這個動作的目的，也是在刺激平日很少活動的肌肉。E握有布巾的雙手伸直上舉，臉向上看，微向後仰。F雙腳後跟提起，踮力，腳趾用力壓地。提肛、收腹、展胸、咬緊牙根，緊閉雙唇，舌尖頂住上顎。這是拉伸甲狀腺、淋巴腺、橫膈膜、鼠蹊腺的運動，手足的末梢神經及其他平常很少用到的肌肉也會刺激到，同時會促進全身淋巴及血液的循環。

6第五節：

Ａ維持第四節Ｆ的姿勢，亦即腳後跟提起，踮力、腳尖壓地的姿勢。Ｂ由右腳開始，一步一步慢慢地往前以直線方式前進。每一步停留四拍，初學者每次走十二步至六十步，呼吸可順其自然。做完以上五節後，再以俯地趴臥姿勢稍做休息，還可同時排出體內廢氣（放屁）。

第四篇　請教章老師，我有問題

關於養胎的疑問

●問：敝人是位懷孕三十一周的孕婦，在七月十一日看到「聯合報」的專欄，談到產前涼補喝蜂蜜水一事。但我在三十周產檢時，醫師告知胎兒有些大，叫我甜食少吃，試問在此情形下，還能喝蜂蜜水嗎？

◆答：胎兒太大的孕婦為避免攝取過多甜食，可以用「黃蓮」取代蜂蜜水進行「涼補」。黃蓮目前在中藥行都已處理成膠囊，但因各家分量不同，孕婦可以請教店家如何吃。雖然平時不喝蜂蜜水，但是因胎兒大，陣痛開始時更需要喝熱的蜂蜜水幫助潤滑，以縮短產程及減少生產的痛楚。

●問：本人因膽結石，於去年七月手術切膽。不知在此情況下，懷孕時應多攝取何種食物？專欄中曾說懷孕期間要攝取高鈣食品，那麼會不會造成二度結石？膽切除，應對何種食物禁口？

◆答：不論懷孕期間有任何症狀，都須遵守飲食三：二：一原則—早餐吃得

好、中餐吃得飽、晚餐吃得少，而且務須維持營養的均衡，基於此原則，高鈣食品仍須照常攝取，只是要注意搭配一定份量的蔬菜，因為膽結石是媽媽本身的症狀，但孩子仍是需要充分的營養才能長得好，所以，絕對不能因為有過膽結石，而忽略了鈣質的攝取。

此外，由於膽結石很容易造脹氣，所以孕婦必須比照「消除脹氣」的對策，即：

1 睡前以米酒薑汁泡腳。

2 吃高鈣高蛋白蒸粥。

3 飯前在耳朵、手或眼睛中擇一按摩五分鐘再進餐。

4 喝白蘿蔔汁加牛蒡。

在禁忌方面，鳳梨、西瓜、豆類等都須盡量少吃，而養胎專欄中曾提到的禁忌食物也仍須禁止攝取。

●問：專欄中曾提到，在懷孕八個月後喝蜂蜜水，請問是第八個月，還是「滿八個月」？又文章中曾提到蜂蜜水要用室溫或微冰的水沖泡，「絕不可用熱水」，為什麼文末到了生產當天，又要我們用「滾熱的水」加蜂蜜調勻來喝？

◆答：蜂蜜水應在第八個月、也就是滿了七個月以後開始喝。至於何時用冷水、何時用熱水調，專欄中所說並無錯誤。因為以熱水調蜂蜜水會有潤滑作用，對於縮短產程的確有明顯幫助，但是，以熱水調蜂蜜水的負作用是會造成脹氣，所以在養胎中並不適合飲用，以免因脹氣產生其他身體上的不適感。至於生產前，因為首要目標是「順利生下孩子」，所以建議此時以熱水調蜂蜜水，「生產優先」！

●問：我目前懷孕二十六周，從超音波看寶寶都正常，由於我本身較喜愛冷飲

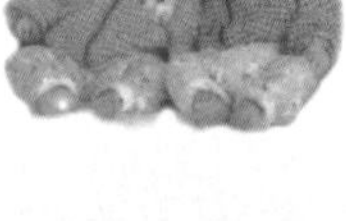

食物，不知道這樣會不會對寶寶的支氣管系統發育造成影響？是否有不錯的食物可替代冷飲，以解決口渴問題？

◆答：雖說產前要涼補，但只可冷、不可冰品，過食冰品對媽媽的呼吸系統有影響，對寶寶而言，也會造成過敏兒，所以一定要避免。至於替代飲品，冷開水是個不錯的選擇，由於你已經到二十六周，可以用冷的蜂蜜水解渴，只要不是太甜，對媽媽及寶寶都是很好的。

●問：本人皮膚十分乾燥，不易發汗，手部患異位性皮膚炎。懷孕時應多攝取何種食物，胎兒皮膚才會好？

◆答：可從正確的養胎法著手，這部分在前面已談過。藉由養胎才能改善體質。再者，可以加強吃下列三項食物，使媽媽和貝比的皮膚更好：

1 豬大腸一公斤、豬皮三分之一公斤、老薑十公克、醬油十西西、米酒一千西西合燉一小時。原則上每兩周燉一次，在兩三天內分次吃完，如果情況嚴重者，則以每周燉一次為主。

2 豬大腸內塞綠豆合蒸。

3 產前三周開始喝養肝湯。以上作法其實都是為幫助肝臟解毒，這樣媽媽的膚質會改善，小貝比的皮膚自然好。

●問：敝人懷孕二十七周，因子宮肌瘤決定剖腹產。請問以我這種情況，懷孕中有那些食補可幫助剖腹生產後的身體加快復原？

◆答：可在懷孕末期多喝養肝湯，一方面可以解毒，對恢復體力也有幫助。

●問：我現懷孕不足兩個月，但這一個月來胃口奇差，肚子餓了想吐，吃了東西也想吐，反正胃就是十分不舒服。吃泡麵有時成了裹腹的方法，但聽人說「泡麵含防腐劑」不能吃。是否孕婦必須絕對禁食泡麵呢？此外，我幾乎每天腹瀉，有時一天拉兩次，請問是否會影響腹中胎兒的吸收？

◆答：你的症狀就是害喜，所以請參照養胎專欄中的「害喜對策」，即進行飯前按摩、用米酒薑汁泡腳，晚上則吃白蘿蔔汁蒸粥。雖然反胃，但泡麵含有防腐劑又無營養，容易造成過敏兒，應絕對禁食，其他類似的食物還有肉鬆、漢堡、香腸等含防腐劑及硝的產品都盡量不要吃。至於懷孕期間的腹瀉，因屬神經性，肇因於荷爾蒙分泌不協調，可以吃下列食物改善：

材料：蓮子一百公克、豬小腸三百公克（單次份量）

作法：

1 豬小腸以筷子翻出內面沖水，把用比率為十五比一的麵粉和鹽撒在上面，放置二十分鐘後沖掉，在翻回外面。

2 蓮子去心、泡軟（用熱水泡約兩小時）。

3 豬小腸每兩公分打一個結，放一顆鹹橄欖代替鹽，以材料五至七倍的水開大火合煮，待滾後再以小火煮兩個小時。

以上湯品可一次吃或分次吃完，一周吃兩次的份量，即可改善。基本上，腹瀉會影響營養的吸收，所以，除了吃上述湯品外，仍要用一般的養胎飲食並搭配喜寶，正常吃即可。

●問：養胎專欄中提到的高鈣高蛋白蒸粥，因為富含很高的營養成分，可不可以在懷孕初期就食用？因為醫師說我的胎兒有點輕，要我多吃有營養的東西。

◆答：可以吃，另須搭配足量的蔬菜及營養的均衡，嚴格遵守飲食三：二：一原則。

●問：

1 懷孕期應如何攝取食物才不會胖到母親而胎兒又能得到均衡的營養？又有那些食物應避免？

2 如果很想懷孕，但經期不定期（如六月十五日來，到八月初才又再來），請問該攝取那些食物或是食補？而冰品或壓力會不會是懷孕的阻力？

◆答：

1 應遵守飲食三：二：一原則：早上吃肉；中午吃魚；晚上吃白蘿蔔汁蒸粥，到了末期要吃高鈣高蛋白蒸粥。而且要多吃消脹氣食物。應避免的食物除了本專欄中曾提到的食物外，還有澱粉、高糖、油炸的食物。

2 依妳所述的狀況而要懷孕，可以用「生理期的對策」調理，因為生理期又稱為「小月子」，在這五到七天內須：A不能洗頭；B不吃及喝冰的東西；C不可提重物，因為易造成內臟下垂；D綁腹帶以保護腹部；E壓力不能太久，易造成精神疲勞；F第一、二天吃痲油、老薑、米酒炒豬肝，以幫助排出子宮內廢血。第三到第四天則每天吃痲油、薑、酒炒一副豬腰子。第五天以後則吃痲油雞；肥胖的人可以吃綠豆加紅糖（粉狀）當點心；瘦的人可以吃紅豆加紅糖當點心，以幫助排血。G如經濟許可，可配合食用「莊老師仕女寶」，以期讓失調的荷爾蒙自己重新活潑起來。

●問：本人及老公均三十五歲，結婚五年半，曾於三年前因子宮外孕，以腹腔鏡開刀，之後無法受孕，直至今年六月初才懷孕，但初期症狀不穩定，有出血、下腹抽痛、痠痛、腹脹等情形，想請問：

1本人已連續出血達五周多，初期出血顏色為淡紅色，後轉為淡褐色，現為黃褐色，平均每天分泌一到二西西，醫師曾開黃體素服用，醫師也說胎兒持續長大，該如何使分泌物停止？

2醫師建議於懷孕四個月時作羊膜穿刺檢查，依本人情形是否適合？

◆答：

1 只要確定分泌物並非胚胎的問題，就不必太擔心。要改善分泌物情形，須由改變體質著手，只要參照本專欄提過的「懷孕初期養胎法」，利用害喜、消脹氣的對策，並且在飯前進行按摩、晚上吃白蘿蔔汁干貝蒸粥，代謝正常後，分泌也會正常。

2 應遵從醫師建議，不過在作羊膜穿刺前一周，可以補充養肝湯，可幫助肝臟解毒，排去脹氣，未來恢復也較快。

●問：

1 本人自幼嗜食辛辣，目前已懷第二胎兩個半月，上一胎吃辣未有任何不適，但這一胎則陸續出現胃部不適、嗜睡等症狀。由於不是十分嚴重，並未在意，仍吃得很辣，請問如此對胎兒會有影響嗎？

2 友人建議，妊娠中應多攝取各種維他命，目前每天攝取多種不同的維他命，請問是否適合？如不適合，應如何做好懷孕期之營養補充？

◆答：

1辛辣刺激會造成早期流產或末期早產，且吃辣會造成母體胃痛、拉肚子，甚至視力減退、眼睛痛，小貝比則可能形成過敏體質，最好避免。

2建議你遵從醫生指示，不過，如果吃的是人工合成的維他命，孩子不見得吸收得到，所以，最好多補充天然蛋白質、鈣質、維生素，建議不妨補充天然養胎補品「莊老師喜寶」，再搭配正確的養胎飲食法，只要攝取均衡的營養，使代謝正常，小貝比就能長得健康。

●問：有肝病、癌症的孕婦，應如何養胎？

◆答：有以上症狀的孕婦務必做到下列幾點，就可使寶寶健康，並且改善媽媽本身的體質：1懷孕末期配合喝養肝湯，產後更要補充養肝湯；2必須做到養胎，有正確的飲食及生活習慣，孩子才會健康；3媽媽務必把握坐月子的

機會，把本身體質調理好，增強抵抗力，自然能改善身體狀況。這是母性的本能，根據莊淑旂博士輔導過的案例，甚至有罹患乳癌的病患，因為懷孕授乳而戰勝癌細胞，妳必須有信心

●問：

1 我目前剛滿四個月，產檢時發現胎位不正，請問有何對策？

2 請問七至八個月是用冷水或熱水泡蜂蜜水？何時該用熱水泡？

◆答：

1 胎位不正乃肇因於脹氣，所以應配合吃「蓮藕豬心干貝白蘿蔔汁」，做法：蓮藕七節、豬心一個、干貝七個用白蘿蔔汁蓋過，隔水蒸一個小時，分成七分，一天吃一分，連吃三個月，即有可能改善胎位不正問題。

2在懷孕末期喝的蜂蜜水，須用冷水沖泡；到產前陣痛開始（開兩指），即喝熱水沖泡的蜂蜜水，縮短產程。

●問：本人有抽菸，還長了滿臉的粉刺痘痘，可以喝養肝湯嗎？

◆答：養肝湯的功能就是養肝和排毒，除孕婦外，任何人手術前後，或有失眠、便秘、脹氣、掉頭髮等症狀者都可喝，但動過手術者，須就以三周為一個循環，連吃三個循環即九周。一般人則平時都可吃，也是依照三周為一個循環，像你長痘痘即可食用，因是養生用品，並無妨礙。養肝湯過去介紹過，但那是針對孕婦，與一般人服用的，仍有不同：第一周／紅棗七顆、熱開水兩百八十西西；第二週／紅棗七顆、熱開水兩百八十西西、腰內肉一百克；第三周／紅棗七顆、白蘿蔔汁或紅蘿蔔汁兩百五十西西、腰內肉一百克、米酒三十西西。以上為每天分量，做法是用水把紅棗洗淨，每顆劃七刀，裝入容器內，用熱開水加蓋浸泡一夜，第二天早上以小火隔

水加蓋蒸一個小時。第二周的腰內肉是在蒸的時候加入；第三周時是以白蘿蔔汁或紅蘿蔔汁加米酒泡紅棗（加蓋，不須加熱），隔天早上再加入腰內肉隔水蒸一個小時。腰內肉若為冷凍品，須在前一晚拿出解凍。吃的時候取下紅棗的皮與籽，與腰內肉須在一天內吃完；湯則在飯後飲用，一次喝或分次喝均可，喝時可加冰糖或白蘭地酒。

●問：敝人妹妹目前已懷胎六個多月，正為痔瘡問題所苦。懷孕前她並沒有這方面的困擾，沒想到懷孕後，肛門附近有許多環繞的小肉球，醫師說愈靠近預產期，情況會愈嚴重，請問該如何改善此症狀？

◆答：懷孕期間因為胎兒愈來愈重，壓迫到直腸，所以容易會有外痔產生。要減輕外痔帶來的困擾，必須和西醫配合，想辦法消炎，另一方面則以下列步驟，持續進行，以消除外痔：

1每天上完廁所、洗澡時及睡前，用熱水洗淨肛門及其四周。

2以溫熱的水浸泡肛門兩分鐘。

3側躺床上，以乾毛巾擦乾肛門。

4用麻油塗抹肛門及其周圍，將其軟化。

5以大姆指、食指、中指捉住突出的外痔，往肛門裡塞，因為體內壓力及溫度與體外不同，所以要一邊張口喊「ㄚ——」，一邊往裡塞，手拿出來時亦然。

雖然把痔瘡塞進去　，但仍會跑出來，所以，以上動作須持續做，每天約做三四次，隔一段時間就能獲得改善。

除此之外，還要堅守飲食三：二：一原則—早餐吃得好，以肉類為主；中餐吃得飽，以魚類為主；晚餐吃得少，只吃蒸粥。三餐並搭配一定數量的蔬菜，忌吃辛辣，刺激的食物。

●問：

1懷孕期間我常在半夜睡覺時雙腳抽筋，請問該吃些什麼食物比較好？

2我在國中教書，常喉嚨沙啞，是否有任何方法可改善？

◆答：

1腳抽筋和鈣不夠有關，所以應由補充天然鈣質著手，不妨試試「喜寶」。此外，可以吃蕃茄燉牛筋。其中蕃茄的份量為牛筋份量的三倍，用一半米酒、一半水將材料蓋過合燉，至燉爛為止。每天適量吃，一周吃兩次。在生活習慣方面，須在睡前用米酒薑汁泡腳，並用熱毛巾敷小腿，之後再穿上襪子保暖，即可有效改善抽筋症狀。

2喉嚨沙啞的對策為：

早上起床、未開口說話前，趁空腹喝蓮藕榨汁加蛋白：蓮藕直接由冰箱中拿出榨汁，一百西西不加水，加一個蛋白（須去蛋帶，即蛋黃旁一小坨白白的東西）攪拌均勻，在微冰的狀態下，每次喝一口含著，在喉嚨中漱口，待其溫度與口中溫度相同時再吞下去，以上份量分次喝完。

晚上睡前用蕎麥粉（可在中藥行購得）用一個蛋白敷成糊狀，置於紗布上，敷在喉嚨處，並想辦法固定，待早上起床時再拿起。

●問：

1 本人有先兆性流產體質，去年六月曾流產過一次，懷第一胎時，在兩個月開始曾出現流產的跡象，一直到四個月才開始穩定。一度很絕望，想放棄，最後幸好胎兒安全，亦在足月下順產。現在我再度懷孕約八周，又有流血現象，該怎麼辦才好？

2 對於有過敏性鼻炎而常患感冒，且有擴張性支氣管炎的孕婦，有何較好的建議？

◆答：

1請用正確的養胎法並服用「喜寶」，使代謝正常，並且喝「安胎飲」。此安胎飲配方須找專業中醫師，依據個人體質及脈象加減十三味成分。

2對於所述症狀孕婦，建議：

A早上起床用合掌法，使口鼻腔保暖，再戴上口罩開始活動；睡前以肩胛骨按摩法按摩。

B睡前以米酒薑汁泡腳，在第一個月內須連續泡一周；第二個月以後，每個月須連續泡五天，當然，可視需要酌量增加次數。

C飲食方式比照「駝背體型飲食法」，重點為：a要單味飲食，例如不要吃加鹽又加糖的食物，像一般家庭燉肉時常會加糖增加口感，即是一例；b不可喝陰陽水（即冷熱加在一起）c不吃竹筍、金針等冷性食物；d烤的東西少吃，烤焦的更須避免；e忌辛辣、刺激口味；f不吃含防腐劑食物；g注意均衡的飲食，絕不可偏食；h不可吃飽之後倒頭就睡；i多吃蓮藕、牛舌、海帶等安定神經的食物。

●問：我目前懷孕二十一周，聽親友說吃珍珠粉可以使胎兒皮膚變白，是否為真？對胎兒有無不良影響？何時可開始服用及用量如何？

◆答：懷孕期間由於基礎代謝率提高，許多孕婦容易有口渴、口破、便秘、皮膚搔癢等「上火」的症狀，再加上為了寶寶的皮膚著想，不少孕婦會在懷孕時自行到中藥行購買珍珠黃蓮粉服用。當然，亦有不少孕婦聽了坊間的建議，但不知如何是好，如前述讀者。臨床上，珍珠粉用於內服可以安神定驚、去皮膚黑斑及肝斑；外用則能生肌收斂，治皮膚潰爛。但是如果要內服，一定要磨成極細的粉末，而且每次的服用量一定要控制在三公克以內。至於黃蓮，雖然坊間一般的認知是解毒，但在醫學上的正確說法是用

以清內熱，治療各種感染發炎，尤其對腸胃發炎更有顯著功效，不過，並不適合體質虛寒者。雖然珍珠黃蓮有上述種種功效，但是，若為了讓寶寶皮膚漂亮，就是見仁見智的問題。因為現在的衛生及生活條件與過去相去甚遠，除非孕婦的體質是屬於熱盛者，否則，不必人人均須服用。至於吃法，坊間一般是以珍珠一兩與黃蓮五錢，研磨成極細的粉末服用。依據臨床經驗，再加上粉光參一兩的效果更佳。因為依據本草所載，粉光參能「補肺降火、生津液、除煩倦」，而孕婦經常會有口乾舌燥、身困肢軟的現象，如果本身又會倦怠乏力，就不適合熱補，此時，吃粉光參正好可以清熱補虛，使身體得到平衡。服用法：懷孕滿十六周開始服用，每次服用一公克，每天早晚各一次，約可服一個半到兩個月。不過到了懷孕滿八個月以後，為免胎兒皮膚變黃，被誤為黃疸診治，最好停用。至於孕婦究竟屬於何種體質，最好找合格中醫師診斷。

關於坐月子的疑問

●問：坊間有一說法，就是剖腹產後不可以喝酒煮的食物，為什麼書中卻強調剖腹產和自然產一樣要吃「米精露」或「廣和坐月子水」煮的食物？

◆答：

1 剖腹產雖有刀傷，但並非內臟發炎，屬於腹膜外的傷口，所以可以吃及喝酒煮的食物。

2 酒中的雜質的確會影響傷口，所以必須先將酒中雜質去除，煮成「米精露」或「廣和坐月子水」就不會有此問題。況且，「米精露」及「廣和坐月子水」中已將酒精完全揮發，先將酒提煉成「米精露」或「廣和坐月子水」，再用來烹煮食物，傷口就不會發炎。不過料理時，薑必須完全爆透，並搭配使用慢火烘焙的「莊老師胡麻油」。

3 至於醫護人員的建議，是為了怕傷口發炎，但並未顧及內臟的需求，用

「米精露」或「廣和坐月子水」加老薑、麻油調理的食物，反而能保護內臟，傷口也較易痊癒。

●問：產後使用的腹帶，可以用一般束腹代替嗎？

◆答：束腹沒有托高內臟的效果，反而會使內臟受到壓迫、變形，容易產生脹氣，如果使用束腹，表面上看來似乎肚子縮小了，但脹氣若往下走，就會造成內臟下垂；若脹氣往上跑，就會喘不過氣來，並且易造成上腹突出的體型。

●問：為何不能洗頭？如果用熱水洗後馬上吹乾，可否？

◆答：古代御醫在後宮嬪妃有大出血時，急救的方法即是將嬪妃的髮髻解開，將頭浸泡冷水，此時便能立即止血。由此可見，頭部是個相當敏感的部位，只要碰到冷水，就會產生止血效果。那麼，可以想見，在產後正虛弱的時候洗頭，此時惡露正慢慢排出，如果洗頭，就會產生連帶影響—輕者使惡露形成小血塊；重者會形成大血塊。當這些血塊通過子宮頸時，會產生阻力，並且會有腹痛現象；小血塊尚可排出，但若產婦子宮屬寒性，那麼就易形成大血塊，而且排不出來，久了就易形成子宮肌瘤或子宮內膜異位，進而發生乳房囊腫，再因為內分泌的改變，很可能也是腦下垂體瘤的發生原因。而乳癌、子宮癌、腦癌都有可能與此時洗頭而子宮凝血有關。

何謂子宮凝血呢？簡單而言，即惡露欲排出之際，因身體尤其是頭部受涼，而產生血塊，排得出來的是小血塊，排不出的就會形成大血塊。子宮凝血易造成生理不順、內臟下垂、容易腰痛、手痠腳麻、血色不佳，並且容易掉頭髮、長黑斑、習慣性頭痛，而在生理期前後則容易感冒，值得注意的是，這些都是前癌的徵兆。如何判斷已有子宮凝血症狀呢？如果惡露排出的都是血塊，而且伴隨著腹痛，血塊並愈來愈多，那就表示已有子宮

凝血現象，並須立即處理。

至於用熱水洗頭、熱風吹的方式，就如前面章節所說，以熱水洗頭之後，不論擦得多乾，仍會有水分殘留在頭皮表面，一旦有風，不論是熱風冷風，會將此寒氣吹進頭皮裡，易有子宮凝血的現象產生。

事實上，不單只是坐月子期間，生理期亦不能洗頭，道理相同。

子宮凝血的化血法：可以喝「血母痛液」改善。

材料：山楂肉四兩、「米精露」或「廣和坐月子水」為山楂肉的五到七倍、黑糖適量。以上為一日份材料，可以一次煮三日份。

作法：

1 將山楂肉與「米精露」或「廣和坐月子水」以大火煮開後，加蓋，改以小火煮一小時。

2 黑糖須在煮好後加入，然後攪拌熄火，將湯濾出，放入保溫瓶內。

喝法：煮好的血母痛液，一天量須在一天內分數次飲用，每次喝一小口，一日內喝完，可使凝血融化。

●問：坐月子期間可以吃蔬菜水果嗎？

◆答：產後第一周必須滴水不沾，當然就不能吃蔬果類。第二周起可用麻油、薑、「米精露」或「廣和坐月子水」煮紅色蔬菜，如紅菜、紅蘿蔔、紅莧菜等，並且要燜爛，使腸胃容易吸收。第三週起便可吃紅色、綠色蔬菜，但白蘿蔔、白菜、筍、酸菜等仍列為禁忌。其作法與前兩周相同，一天的份量是兩小盤。

前兩周未吃水果，且歷經兩周熱補，身體必須有些調節，所以自第三周起，可選吃有點涼性、水分少、甜度高的水果綜合體質，如香瓜、哈密瓜、木瓜、水蜜桃、葡萄、櫻桃、龍眼、荔枝等。雖說吃涼性水果綜合體質，但西瓜、水梨、山竹太寒，不能吃；蘋果、檸檬、蕃茄帶酸會破壞內

膜，也不能吃。另外，水果的份量必須嚴格控制，不可一次吃太多，如葡萄每次可吃六到八粒，每日兩次即可；其他如香瓜、哈密瓜、木瓜等，每次須控制在半顆以內。

●問：紅蟳和榴槤據說都很補，可不可以在坐月子的時候吃？

◆答：坊間認為榴槤很補，可在坐月子時吃，事實上，榴槤太躁熱，坐月子前兩周已吃了很多熱補，如果再吃燥熱的榴槤，就會過於躁熱，因此必須禁吃。紅蟳和螃蟹是橫著走，蝦子是跳著走，都是屬於荷爾蒙分泌旺盛的食物，產後身體虛弱，若吃了紅蟳蝦蟹，會產生過敏而虛不受補，容易過敏，傷口不易癒合，易產生皮膚病變、蕁痲疹，而且容易眼睛痠癢、拉肚子等症狀。

●問：為何坐月子要臥床兩周？為何不可以抱小孩？

◆答：

1因為生產後子宮鬆垮、內臟變形，正急速恢復中，若產後兩周內受到地心引力影響，容易下垂，根據莊博士的研究，內臟下垂可能是所有婦女病的根源，為免產後身體受影響，生完前兩周務必臥床，第三周起，可躺可坐，但仍以臥床為主。

2基於以上原因，抱小孩、提重物都會導致內臟下垂，最好禁止。

●問：以「米精露」或「廣和坐月子水」代替水，會不會影響母乳的品質？奶源會充足嗎？

◆答：

1不會影響。因為以「米精露」或「廣和坐月子水」代替水，均已完全揮發掉酒的雜質及酒精成份，而且「米精露」及「廣和坐月子水」屬溫熱，加上料理是熱補，可以加速子宮收縮，對母乳品質反有正面影響。

2 奶源充足與否和喝多少水並無直接關係，曾有醫師提到「沒喝水，怎會有奶水」？問題是，喝下去的水是經排尿及排汗排出，與奶源無關。想要有好的母奶，全身運作要正常，重點則在於對於乳房的熱敷按摩，以及刺激乳頭，使泌乳激素能將養份轉變成乳汁，並使乳腺暢通，才會有充足的奶水。

●問：為何小產也要坐月子？

◆答：莊淑旂博士認為，如果順產，就像瓜熟蒂落，對母體並沒有大傷；但小產是中止懷孕，母體在懷孕時，為迎接新生命，全身的荷爾蒙分泌會配合改變，一旦突然中止懷孕，內部會產生不平衡，很多症狀就會出現。所以，一定要小心做滿四十天月子，而子宮及內膜更易受傷，因此要綁腹帶並臥床二十一天。如果未把子宮機能調整回來，未來容易造成習慣性流產，形成母體機能疲勞，要再懷孕就有困難了。

●問：為何月子要做滿三十天？剖腹及小產則要做四十天？

◆答：

1 細胞收縮的時間剛好為二十八天，歷經九個多月懷胎的疲勞，內臟要收縮至少需三十天，但子宮要完全收縮則要四十天，因為第一個月的改變最大，所以至少須做三十天的月子，不過，產後半年內都在恢復中，坐月子應注意的事，仍須注意。

2 剖腹產形成子宮的傷口，並且還施打了麻藥；而小產則是用違反自然的方式中止懷孕，所以須多做十天月子。

●問：按照莊淑旂博士的方法作月子，能達到什麼好處？

◆答：依據莊博士方法坐月子並不是為了減肥，而是要改善體質，獲得良好的健康。其好處如下：

1 不論產婦體型是胖是瘦，肚子會消得漂亮。
2 不管過去是否常腰酸背痛，坐完月子後，不會腰酸背痛。
3 不會產生產後肥胖症。
4 皮膚會變得光滑而有彈性。
5 體力變好，抵抗力增強，不易感冒。
6 荷爾蒙及生理機能協調，恢復青春、健康及美麗。

●問：坐月子可以減肥嗎？
◆答：不是減肥，但是肚子會消，若養胎養得好，有機會恢復成「健康標準」的體型；若對身材不滿意，可以在產後半年內進行減肥，若是太瘦也可以調整。
●問：是否坐月子一定要配合吃仙杜康及婦寶？吃了有何作用？

◆答：不是一定要吃，但坐月子期間是調整體質的黃金時期，如果捉住此機會，在坐月子期間吃仙杜康及婦寶，身體恢復的效果是平日的十二倍以上。仙杜康的主要成分是以新鮮糙薏仁為主，配合珍貴的冬蟲夏草及孢子型乳酸菌、蔬果纖維和甘草等原料，具有促進新陳代謝、減輕疲勞和養顏美容等功效，是十分健康的食品。婦寶則是以薏苡種實為主要原料，搭配高品質珍珠粉、特級山楂、乾薑，以及精選的山藥、米胚芽萃取物（谷維素）、大豆萃取物（大豆異黃酮）、小麥胚芽粉末（維生素E）和蛋殼萃取物等精心製造的天然食品，具有補充鈣鐵質、增強活力及產婦滋補強身之效。生理期、坐月子、更年期及閉經後，都很適合服用。

●問：產後口渴，是否可大量喝「米精露」或「廣和坐月子水」解渴？

◆答：坐月子期間「米精露」或「廣和坐月子水」大量飲用仍會對內臟造成負擔並破壞內臟吸收能力，造成內臟下垂，所以仍須控制。坐月子口渴要找

出口渴的原因，有可能是菜的烹調方式錯了，或者使用炒焦了的麻油，也可能是酒精未完全揮發掉等，找出原因改進才是上策。

●問：坐月子期間可否與其他食補雙重配合？

◆答：可以配合藥膳，但因莊博士坐月子食譜在葷食方面營養已足夠，所以，第一周只須喝生化湯；第二周才可依個人體質搭配中藥藥膳。但因此時氣血二虛，若吃養分或肉質太強的食物，會有症狀產生，所以，第二周的藥膳只喝湯不吃肉，藥材份量須減輕。在食補部分，只須依照莊博士食譜即足夠，不須再加其他食補。

●問：為什麼花生豬腳必須到第三周才能吃？

◆答：

1奶水在第三周才會穩定，也就是說，到了第三周才知道奶水的量充不充足、奶水的品質好不好。

2 前兩周不能吃肉質太強、動物性脂肪太高的肉類，所以，須到第三周才能吃花生豬腳。

附錄

內臟下垂體型體質改善法

一、日常生活

1 綁「腹帶」（將內臟「托」回原位、並「保溫」腹部）。

2 力行「飯前按摩」（參考防癌宇宙操VCD）。

3 用「三段式入浴法」洗澡。

4 注意「足部」保暖。

5 每天做「宇宙操」（參考防癌宇宙操VCD）

二、飲食生活

1 宜採取「少量多次」的方式來「進食」、「飲水」。

2 「忌食」酸性、生冷、寒性、及「水份多」的食物；「多攝取」刺激性的、脂肪多的魚、肉類和甜的東西。

3 「水份」須嚴格控制：

A 一日攝取水的份量—體重每一公斤一日只能攝取十五西西的水份。（注意：此份量包括喝湯、飲料、果汁、炒菜的湯汁、以及吃水果時所攝取的水份在內）

B 每一次喝水的份量—每次喝水，以一百西西為限。

C 喝水的方式及時間—應以小口、小口的方式慢慢的喝，且每次攝取水份，須間隔四十分鐘以上。

三、莊老師「仙杜康」及「仕女寶」體質改善法

1 仙杜康：以仙杜康當做主食或當飯吃，每日食用三至六包至少連續食用三個月，並配合做生活上的改善，以期能夠完全的改善的體質。

2 利用「仙杜康」施行「消除便秘方」來改善因「腸子無力」而引起的便秘。

3 每月生理期開始的第一天連續服用「仕女寶」五日，並以正確的生活方式來渡過生理日，以期有效的來調節內分泌及賀爾蒙。

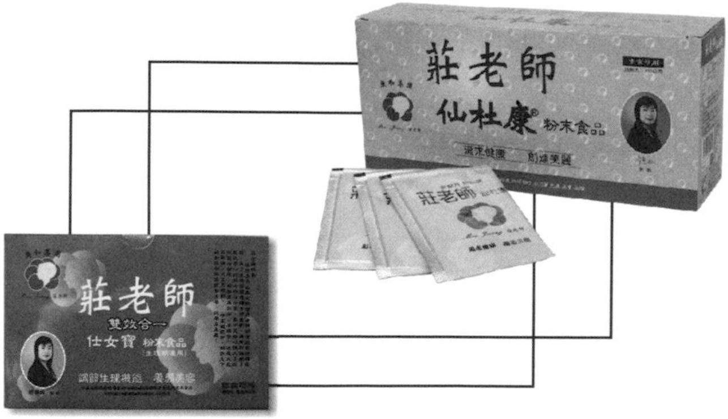

四、應避免事項

1 不提重物。

2 禁止「暴飲暴食」。

3 避免「長時間站立」。

4 不吃宵夜。

5 不站著吃東西或喝水。

鼻子過敏、扁桃炎、氣喘等上呼吸器官弱者之對策

A、飲食改善

1 嚴禁飲用「陰陽水」。

2 不可「吃飽睡」。

3 要均衡飲食不可偏食。

方法：將各種蔬菜、魚類、肉類、蛋類切碎，混於米飯中，做成「菜飯」，但蔬菜要是其他食物的二倍；正餐以外禁止零食。

4 要「單味飲食」，甜、鹹不要混合吃，避免吃醬油滷的食物。

5 不吃竹筍、金針等食物。

6 烤焦的食物（如烤麵包、烤魚、烤肉）、辛辣刺激類、含防腐劑（如肉鬆、香腸、漢堡）的食物均不可吃。

B、生活及運動改善法

1 做宇宙操：一定要去戶外，接受大自然給我們的無限力量，走路要按正確的方法；抬頭挺胸，縮小腹，大腿內側用力，走一直線，手貼臀部，用力向後擺振，自然往前（前三後四），每天早晨利用三〇~四〇分鐘，至戶外散步，可赤腳踩草地，樹根，並做宇宙操（可參考VCD）。

2 合掌法：每日早晨一醒來，尚未活動前，須先做合掌法。

3 肩胛骨按摩：每晚睡前須做肩胛骨按摩，徹底將肩胛骨兩側、脊椎骨兩側以及腋下淋巴腺的疲勞消除後，才可睡覺。

4 米酒浸足：可於睡前用米酒、薑汁浸足，將全身氣血打通，並將疲勞消除除（第一個月請連續做十天，第二個月以後，每個月連續泡五天，請持續一年）。

C、保健食品的吃法

1 「莊老師喜寶」用以強化上呼吸器官抵抗力。（一日量）每日3粒，於三餐飯前各服一粒。

2 「仙杜康」用以調整腸胃，幫助消化。（一日量）每日食用六至九包的仙杜康，分三次於飯前直接服用。

廣和月子餐外送服務

『廣和月子餐外送服務』是將產婦一天所需要的飲食內容，包括主食、點心、蔬菜、水果、飲料、以及藥膳，全部按莊淑旂博士獨創、有效的坐月子理論，並以專業的方式，全程使用「廣和坐月子水」調理好餐點，每天由專人配送到產婦家中、醫院或坐月子中心，一天一次，全年無休，讓產婦輕輕鬆鬆就能正確的做好月子。

一、方法：

完全依照莊淑旂博士的理論調配專業

套餐，一日五餐，不論您在醫院、坐月子中心或家中，每天配送一次，全年無休。

二、價格：

一日2280元（含運費、材料費及工本費，但不含仙杜康及婦寶），一次訂滿卅天（自然產者）優惠價56000元（省12400元！），一次訂滿四十天者（剖腹產及小產）優惠價73000元（省18200元！）。

廣和集團簡介

『廣和集團』源於享譽中、日的防癌之母莊淑旂博士。集團旗下包括：廣和坐月子生技股份有限公司、廣和惠如有限公司、廣和駿杰有限公司、廣和堂國際食品有限公司等企業，經營宗旨是增進全民健康。

莊淑旂博士是日本美智子皇后的家庭醫師顧問，也是台灣第一個拿到中醫執照的女醫師，她更是日本慶應大學西醫的醫學博士。莊博士在日本服務了40年後，於1990年回台服務，並推廣全民健康自我管理及防癌宇宙操四十多年，她的防癌宇宙操、養胎及坐月子的方法、醫食同源的飲食理論，一直被廣為流傳。。

莊博士不僅自己全心投入健康事業，莊博士的外孫女章惠如老師與孫女婿賴駿杰，也都潛心在不同的健康事業領域中。

章惠如老師是莊博士的外孫女，長期協助外婆推廣全民健康自我保健的概

念。章惠如老師生下雙胞胎並親身體驗了莊淑旂博士獨特有效的養胎與坐月子的方法，得到了驚人的效果，同時也積累了寶貴的親身體會的經驗。由於章老師的體質得到了很大程度的改善，告別了產後肥胖症，因此將整套完整的獨門料理，首創推出「廣和坐月子料理外送服務」，多年來得到了台灣各界人士的熱烈好評。

1993年，莊淑旂博士首先於『廣和出版社』（後改由青峰出版社）出版的『坐月子的方法』一書中，提出以米酒來坐月子，滴水不沾的理論。

1995年，廣和出版社出版『坐月子的指南』（後改名為『從懷孕到坐月子』），書中根據莊淑旂博士外孫女章惠如老師的親身經驗，首度提出將三瓶米酒濃縮提煉成一瓶『米酒水』的方法，專供女性坐月子期間使用。迄今，已經造福了無數的產婦。

1996年，『廣和月子餐宅配服務』正式於台灣展開服務；2000年為了提升坐月的整體效果，『廣和』推出精心研發的『廣和坐月子水』，這項產品是由米酒精華露加上廣和獨家天然配方之後，以陶瓷共振技術化為人體容易吸收的小分子，專供孕產婦在坐月子期間使用的『坐月子料理湯劑』。

2003年，『廣和』成功的進入北美洲市場，除了在美國洛杉磯順利完成美洲廣和健康管理機構開設與推廣作業外，也積極於華人密集的南加州地區舉辦各項推廣活動，獲得熱烈迴響。

2005年，『廣和』榮獲ISO9001國際品保認証。

2007年9月起，廣和注資成立北、中、南企業大樓，完善的央廚設備及行政管理大樓，已經成為業界的矚目焦點。

2011年，廣和榮獲ISO22000及HACCP國際品保認証，此項榮耀更大大提升了廣和服務品質的保証

『廣和專業月子餐』全程使用『廣和坐月子水』，配合傳承自莊淑旂博士

的坐月子飲食理論，已經讓無數婦女及各界知名女性，包括多位新聞主播、政要代表以及知名主持人、藝人…等都能在產後短期內順利復出，服務品質值得信賴！而廣和莊老師系列口碑見證良好的保健產品，更成為了現代婦女養身保健、恢復體型、滋潤皮膚的重要指標！

今後，廣和將繼續不斷努力，期許藉由熱忱的推廣與服務，讓全球的婦女都能健康、青春又美麗！

廣和中央廚房烹煮區

廣和中央廚房包裝區

廣和專業服務團隊

廣和集團北區企業總部

廣和集團中區分部

廣和集團南區分部

廣和坐月子水

產婦只要喝下一滴水，就容易變成大肚子的女人！意思是說：水和其他飲料（尤其是冷飲），會對坐月子期間產婦的新陳代謝產生不良的作用，因為產後全身細胞呈現鬆弛狀態，此時若喝下過多的水分，質量重的水分子進入體內，水分子會擴散，便會破壞了產婦細胞收縮的本能而造成了「水桶肚」、「水桶腰」，並易造成「內臟下垂」的體型，所以坐月子期間所有的料理，包含飲料、蔬菜、藥膳，甚至薏仁飯，均應以「廣和坐月子水」做全程的料理。

「廣和坐月子水」是以台灣最優質的蓬萊米釀造，釀造過程中全程播放胎教音樂，釀成優質的米酒之後利用生物科技的高科技技術，將米酒濃縮萃取並提煉出米酒的精華露，再經過「陶瓷共振」原理將「米酒精華露」的大分子團分解成很細微的小分子，可幫助人體細胞吸收及代謝，不會破壞細胞收縮的本能，更不會對內臟造成負擔！其中更加入了廣和獨家天然的中藥成分，能促進

新陳代謝及調整體質。

眾多名人的使用 廣大消費者的肯定

『廣和月子餐外送服務』自2000年起全面使用『廣和坐月子水』料理所有餐點，在台灣已榮獲數十萬產婦的使用與肯定，包括眾多知名主播、藝人及各界知名人士，例如：年代新聞主播張雅琴、廖筱君、TVBS主播蘇宗怡、王雅麗、張恆芝、詹怡宜；TVBS新聞中心副主任包傑生的夫人陳春菊；東森主播盧秀芳；SETN周慧婷、李天怡、敖國珠；民視姚怡萱、鄒淑霞；中天吳中純、周幼群；前民視主播羅貴玉；蔣孝嚴之女章惠蘭、市議員何淑萍，知名藝人林葉亭、賈永婕、余皓然、金智娟、王彩樺、童愛玲、邢靜媛、林佩君、李淑禎、蘇億菁、俞小凡；劉亮佐的夫人陳瑾、蘇炳憲的夫人趙世華、屈中恆的夫人童秀娟、林郁順(黑面)的夫人張文品、龍君兒的女兒郝質穎、侯昌明的夫人曾雅蘭；商業週刊發行人金惟純的夫人高小晴、成豐婦產科院長林永豐的夫人連鳳珠、黃平洋的夫人羅書華以及眾多金融界、教育界、律師、醫師…等使用「廣和坐月子水」來坐月子，都已獲得相當驚人的印證。

『廣和』以不惜成本的時間和金錢來製作『廣和坐月子水』，始終以『服務心、關懷心』為宗旨，我們的用心，絕對讓您放心。

生理期聖品——莊老師仕女寶

「莊老師仕女寶」是專為生理期的婦女設計雙效合一的天然養生保健食品，內含婦寶十五包及養要康十五包，為生理期五日量，為了方便上班族的女性使用，特別將內包裝設計為長條狀以方便攜帶及服用，可以調節生理機能及養顏美容，是生理期女性必備的天然養生食品。

A【莊老師婦寶】：以特殊栽培、細心管理的薏苡種實為主要原料，配合高品質的珍珠粉、米胚芽萃取物（谷維素；r-Oryzanol）、大豆萃取物（大豆異黃酮；Isoflavone）、小麥胚芽粉末（維生素E）以及蛋殼萃取物、特級山楂、精選山藥、薑…等精心製

造的天然食品，並特別添加琉璃苣油粉末（Borage），一般人適用，尤其推薦有生理痛、生理不順的婦女，於生理期間服用。

B【莊老師養要康】：以杜仲為主要原料，配合高品質的白鶴靈芝、天然甲殼素、鯊魚軟骨粉末⋯⋯等精心製造的天然食品，一般人適用，尤其推薦生理期的婦女與常感腰酸者使用。

孕婦養胎聖品─莊老師喜寶

『莊老師喜寶』是廣和集團經過多年潛心研製，並得到眾多消費者認可的孕婦理想保胎食品。內含冬蟲夏草、珍珠粉、果寡糖、孢子型乳酸菌等天然成分；無論是懷孕或是產後，這段期間的婦女除了需要充分的休息來補充精神，更需要考慮胎（嬰）兒來自母親的養分所須。『莊老師喜寶』的天然成分含有豐富的鈣質及蛋白質，特別適合孕婦以及胎兒對鈣質的吸收，對於更年期的婦女朋友，『莊老師喜寶』也能提供所須的營養補給。

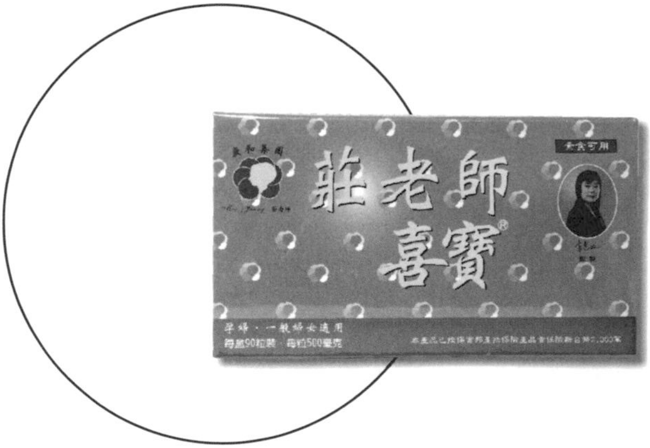

附註：

1『莊老師喜寶』於婦女懷孕期間每日三粒，飯前各服一粒。產婦及更年期婦女每日早晚各服兩粒。

2『莊老師喜寶』採膠囊包裝，為純天然的食品，每盒九十粒，對膠囊不適者可拔除膠囊服用，婦女於懷孕期間須連續服用十盒，以補充媽媽、寶寶流失與不足的鈣質及養分。

嬰幼兒聖品──莊老師幼儿寶

「莊老師幼儿寶」是專為嬰、幼兒設計的天然養生保健食品，內含珍貴的冬蟲夏草、珍珠粉並輔之以乳鐵蛋白、孢子型乳酸菌、牛奶鈣、綜合酵素及果寡糖等多種營養成分，經過科學配製，精心製造而成的天然食品。能幫助幼童促進新陳代謝、維持消化道機能，使養分充分吸收，並能補充天然鈣質，幫助牙齒及骨骼正常發育，是嬰、幼兒必備的天然養生食品。

附註：

適用對象：四個月以上的嬰兒──十二歲以下的幼童。

食用方法：一歲以下的嬰兒，每日一包；滿週歲以上的幼童，每日二包，於早、晚飯前服用。

產品規格：每盒六十包、每包五公克，粉末狀，添加天然的草莓口味，為純

天然的食品。

產品價格：每盒2,500元。

阡阡的話

我是大章老師章惠如的寶貝女兒『阡阡』，民國八十六年出生的時候，體重3850公克，是個健康寶寶，後來爸B、媽咪把時間都放在照顧坐月子的阿姨身上，於是我開始變的不喜歡吃東西，而且抵抗力變的好差，只要天氣一變化，就會感冒，讓爸B跟媽咪又擔心、又心疼。

還好，我最親愛的爸爸、媽媽特地為我調製了『莊老師幼儿寶』，是我最喜歡的草莓口味，我超愛吃的！每天早、晚吃飯前都會先吃一包；現在，我已經恢復了『健康寶寶』的模樣，而且有好多、好多的叔叔跟阿姨都誇讚我臉色變的好紅潤、皮膚也變的好漂亮！

更讓爸B跟媽咪高興的是：我不會感冒了！健保卡不再蓋的密密麻麻，自從換了IC健保卡後，我也從來沒有使用過呦！我想，我一定要把這個好消息趕快告訴我的同學跟好朋友，我希望每個小朋友都能跟我一樣健康、快樂！

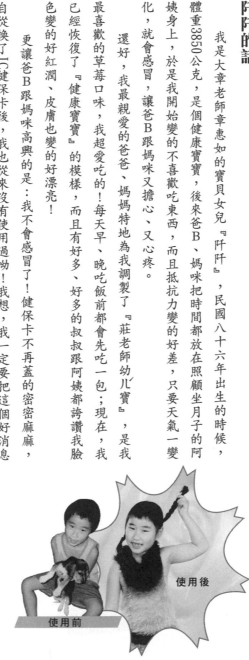

坐月子聖品——莊老師仙杜康

『莊老師仙杜康』是以新鮮糙薏仁為主要原料，配合珍貴的冬蟲夏草、孢子型乳酸菌、蔬果纖維和甘草、山楂等多種營養成分，經過科學配製，精心製造的天然食品。能促進新陳代謝、減輕疲勞和養顏美容，一般人適用，尤其推薦產後婦女坐月子食用。婦女產後內臟鬆垮且往下墜，坐月子期間內臟有回復原位的本能，服用『莊老師仙杜康』來幫助維持消化道機能，使排便順暢，並且以正確的坐月子方法調養，讓您對回復產前身材更有信心！

附註：

1『莊老師仙杜康』是產婦專用的養生食品，男女老幼也適用，但孕婦及準備在一個月內懷孕的婦女禁用。

2『莊老師仙杜康』每盒二十八包，自然生產三十天須服用六盒，剖腹生產及小產四十天須服用八盒。

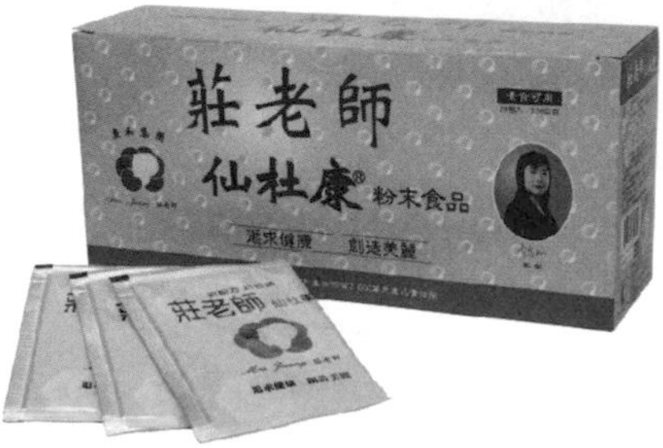

坐月子聖品──莊老師婦寶

『莊老師婦寶』是以特殊栽培、細心管理的薏苡種實為主要原料，配合以高品質的珍珠粉、特級山楂、乾薑以及精選的山藥、米胚芽萃取物（谷維素）、大豆萃取物（大豆異黃酮）、小麥胚芽粉末（維生素E）和蛋殼萃取物等精心製造的天然食品。產婦在坐月子期間，因賀爾蒙失調，容易造成形神憔悴、皮膚粗造、皺紋、黑斑等症狀；『莊老師婦寶』的天然成分中含有豐富的鈣、鐵質，是女性生理期、坐月子、流產、更年期以及閉經後用以增強體力、滋補強身的營養補充好選擇。

附註：

1 『莊老師婦寶』具有破血性，孕婦、胃出血、十二指腸出血、重感冒、發高燒時請勿服用。

2 『莊老師婦寶』每盒二十一包（七日份），自然生產三十天須服用四盒，剖腹生產及小產四十天須服用六盒。

坐月子聖品—莊老師養要康

『莊老師養要康』為高科技濃縮錠，系由杜仲濃縮萃取再加上白鶴靈芝、天然甲殼素、鯊魚軟骨萃取粉末等天然材料所製成，不但適合坐月子及生理期使用，亦可用於平日之身體保健之用。

附註：

1 『莊老師養要康』坐月子、生理期及常感腰酸者均適用。

2 『莊老師養要康』每盒四罐，每罐四十二錠，坐月子、生理期或一般保養者，每日六錠，於三餐飯後各服二錠，連續服用一—三盒。

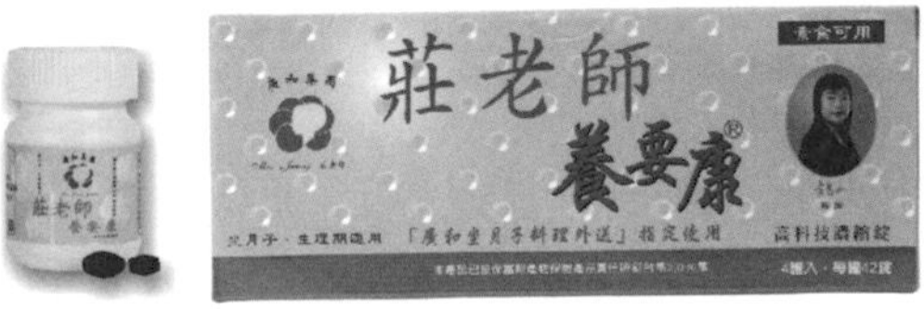

DIY——坐月子藥膳補帖

一份專為坐月子的產婦所調配的階段性調理藥膳包

坐月子是女性調整體質的大好良機！搭配廣和月子藥膳補帖來調理滋補，不僅方便、經濟，還能協助您達到產後補養的目的！是女性，尤其是坐月子及生理期滋補養顏的最佳幫手！

30天只要

NT$7,500

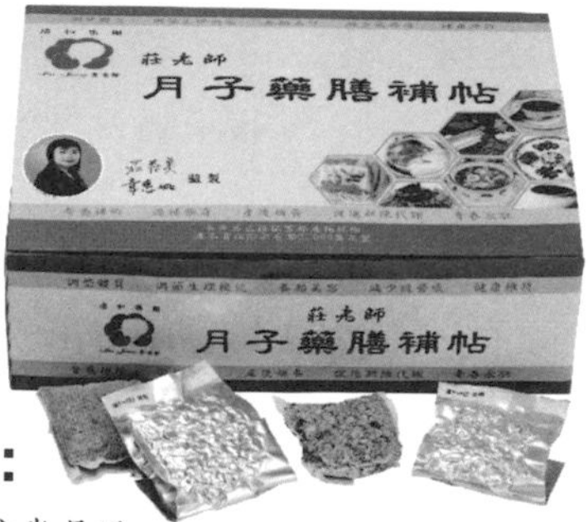

階段調理目的：

第一階段（6帖）
調節生理機能、促進新陳代謝。
第二階段（8帖）
調整體質、減少疲勞感。
第三階段（8帖）
增強體力、滋補強身。
第四階段（8帖）
營養補給、養顏美容。

適用對象：

1. 家中有人幫忙坐月子，想要專業藥膳調理者
2. 剖腹產想多做30天月子，以調養耗損的體質者
3. 小產無法在家做好月子者
4. 生理期調養
5. 已坐完月子還想利用產後半年調理身體者

食用方法：

每日食用一帖，每帖使用1000c.c.的「廣和坐月子水」及半斤～一斤的食材（如：雞、肉、魚、內臟...等共同燉煮約15-20分鐘，一日內分2～3次食用。

廣和仕女餐外送服務—生理期專業套餐

◎服務方法與價格

一、方法：

完全依照廣和莊老師的方式並按「廣和仕女餐食譜」內容料理，於生理期間每天配送一次，連續五日，早上九點前送達，全年無休。

二、價格：

原價8,000元（餐費1,200元/日；莊老師仕女寶2,000元/盒），仕女五日餐優惠價6,600元（含運費、材料費、工本費及莊老師仕女寶一盒），一次訂購六期（30天）特惠價36,000元（再省3,600元！），本訂價全省統一不二價。

◎料理方式

1 全程使用『廣和小月子水』料理。

2 麻油使用慢火烘焙的「莊老師胡麻油」。

3 一律使用老薑爆透（爆至兩面均皺，但不可爆焦）料理。

◎廣和仕女餐食譜 ＊（）內為素食食譜

第一－二天：排除體內的廢血、廢水、廢氣及老廢物

1 生化湯：一碗

2 麻油炒豬肝（素豆包）：二碗

3 油飯（素油飯）：二碗

4 紅豆湯：一碗

5 魚湯（素燉品）：一碗

6 莊老師仕女寶-婦寶（生理期專用）：每餐飯後食用一包，一日三包
7 莊老師仕女寶-養要康（生理期專用）：每餐飯後食用一包，一日三包

第三-四天：收縮子宮、骨盆腔

1 麻油炒豬腰（素腰花）：二碗
2 甜糯米粥：一碗
3 油飯（素油飯）：一碗
4 魚湯（素燉品）：一碗
5 藥膳（湯）：一碗
6 莊老師仕女寶-婦寶（生理期專用）：每餐飯後食用一包，一日三包
7 莊老師仕女寶-養要康（生理期專用）：每餐飯後食用一包，一日三包

第五天：補充營養、恢復體力

1 麻油雞（素烏骨雞）：二碗

2　甜糯米粥：一碗

3　油飯（素油飯）：一碗

4　魚湯（素燉品）：一碗

5　藥膳（湯）：一碗

6　莊老師仕女寶-婦　寶（生理期專用）：每餐飯後食用一包，一日三包

7　莊老師仕女寶-養要康（生理期專用）：每餐飯後食用一包，一日三包

Mrs. Juang 莊老師

廣和 優良叢書精華介紹

孕、產婦健康系列叢書

從懷孕到坐月子

詳細闡述莊淑旂博士的養胎及坐月子理論，並掌握懷胎十月的變化，讓產婦以最自然、最正確的方法調養身體，對有心藉由懷孕、生產找回健康、美麗、窈窕的女性朋友來說，這本暢銷書是必備的！

定價280元

孕婦養胎寶典

莊淑旂博士養胎秘方大公開，莊壽美、章惠如老師培育下一代的精闢理論，指導您懷孕期間各階段正確的生活飲食，各式保健DIY絕招，想做到『媽媽不虛胖，胎兒好壯壯』嗎？那麼您就一定需要這本書啦！

定價250元

孕婦這樣吃

生養一個健康、正常的寶寶，是每一位父母的共同心願；莊淑旂博士多年研究的養胎秘方，由其外孫女章惠如親身體驗，並與莊博士愛女莊壽美老師共同編撰精美圖文食譜，是懷孕婦女不可獲缺的養胎食譜書！

定價220元

好朋友與妳

每個月光臨一次的生理期，就是妳長相廝守的好朋友，本書指導您如何與好朋友共渡健康的一天，讓妳輕鬆抓住每個月改善體質的好機會，〝月〞來越健康，〝月〞來越美麗！

定價260元

坐月子的方法

詳細闡述莊淑旂博士的坐月子理論，讓產婦以最自然、最正確的坐月子方法調養身體，對有心藉坐月子找回健康、美麗、窈窕的女性朋友來說，這本暢銷書是必備的！

定價220元

坐月子御膳食譜

坐月子該如何吃？本書給您最正確的指導，葷、素食加藥膳的最佳食譜通通收錄，還有產後半年瘦身食譜大公開，彩色印刷，主食、副食自行搭配，實為近年最精彩的食譜書！

定價250元

養生系列叢書、VCD

防癌宇宙操 操作示範VCD

在國際上享有盛名的女中醫莊淑旂博士與莊壽美老師母女倆，多年來推動的防癌宇宙操，只要每天投入一點點時間，就能夠讓您全家擁有健康的生活。

定價800元
健康推廣價499元

自我健康管理

莊淑旂博士指導，莊壽美老師撰述，讓您了解日常生活各種身體症狀如何有效的預防與治療，作自己的醫生，進而保障全家人的健康。

定價200元

這樣吃最健康

開啟健康飲食新觀念詳細敘述各種體型、質適合的餐點及健康則，以及各種身體症的預防與應對方式

定價280元

為什麼要安裝濾水器

10幾20年前若有人説飲用水要花錢購買. 家裡要安裝濾水器. 大家一定覺得是天方夜譚. 但是現在如果買瓶礦泉水拿空瓶去加油你會訝異飲用水可能比汽油還貴.

問問親戚朋友左鄰右舍. 安裝濾水器的人也不少.

為什麼短短幾年變化這麼大?如果不是水質不乾淨或不穩定. 相信濾水器這個產業是無法生存的. 以下報紙標題應該讓你印象深刻

水中含砷造成烏腳病

桃園RCA工廠排放廢水.附近住戶罹癌率偏高

自來水中加氯消毒.若變成三氯甲烷專家學者已證實會致癌.

洗澡超過15分鐘.水中氯氣就可能致癌.

小朋友胃腸問題.飲用水要當心.

自來水採購有弊.加入工業用聚氯化鋁.長期飲用可能致癌.烏腳病.

環保署94年2月份檢測國內27座水庫水質.14座水庫中發現微囊藻.即使煮沸也無法去除.必須以逆滲透淨水器處理才能確保飲水安全.

如何選擇濾水器

到底哪種濾水器的功能較適合我.

美國製造 日本製造 台灣製造 大陸製造怎麼分辨呢?

機器看起來都差不多. 怎麼價錢差那麼多. 如何比較呢?

喝到肚子　面. 品質最重要. 過濾出來的水真的乾淨嗎?

再好的機器都會故障. 售後服務真的很重要. 要留意哪些事項呢?

考慮清楚再決定　　. .

機器是否有安全裝置.防止漏水觸電

是否使用美國NSF認證濾心

是否使用食品級材料

是否有5年品質保證

是否提供完整售後服務保證

公司經營是否有10年以上市場經驗

免得花錢買到品質不好的機器

--**傷身**售後服務差**傷心**.

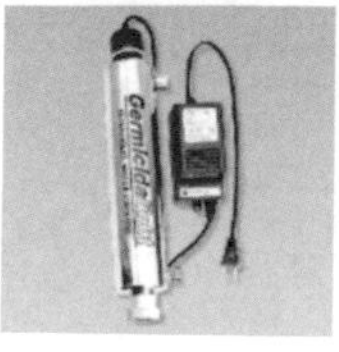

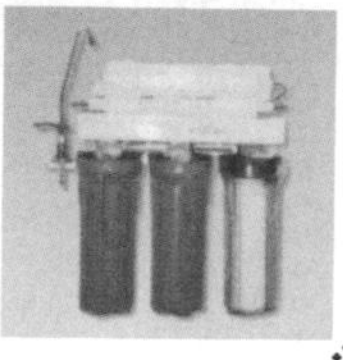

如果有飲用水.使用濾水器的問題請洽 0938-903-150 王仲成

www.winnerwater.com.tw

剪下本書截角購買
偉能有限公司濾水器
可抵扣新台幣500元

偉能有限公司成立緣由

近年來水質遭受重金屬、化學物、農藥等各種污染，嚴重危害國人健康，自來水廠加氯消毒卻也造成三氯甲烷致癌物質、地下水、山泉水在環保署歷年水質檢測不合格率與年劇增，消費大眾為求乾淨飲用水而不可得。

偉能有限公司於1991年與美國專業水處理公司Leader Co. 洽談台灣總代理權

1992年正式將高科技水處理設備引進台灣.

自從人類探索太空以來. 地球生命所需之陽光. 空氣. 水. 在月球或其他星球尚未有發現相似生存環境. 因此美國為解決太空人飲水問題. 耗費巨資研發出劃時代新產品ro逆滲透淨水器. 可以過濾極小之濾過性病毒. 解決太空人飲水安全問題. 因為全世界均有飲用水汙染問題. 日後發展至家用系統.

您安裝的濾水器安全嗎?

很多消費者因為水質不好而安裝濾水器. 但卻不知道機種功能為何. 只覺得有裝就好. 也沒有定期專人保養檢修. 所以過濾後的水質可能比自來水還髒而不自知. 既然知道水質不好想改善更應該找專業廠商提供好的商品及服務

水質協會國際會員證號
930432

Water Quality®
ASSOCIATION
MEMBER

享受美式服務的便利及舒適

偉能有限公司引進美式服務精神. 服務所有使用戶

提供24小時專業人員電話接聽. 隨時傾聽您的意見. 解決問題.

AM9:00PM10:00人員到府服務. 解決一般家庭白天無法保養維修的困擾.

例假日亦提供服務. 但請事先預約.

濾水器最長5年品質保證(視機種). 5年內零件故障到府免費更換.

您想安裝的濾水器廠商是否提供等值的服務. 花相同代價當然要選擇最好的產品及服務.

府上飲用水或安裝濾水器後是否有以下困擾

- 開飲機內充滿沉澱物
- 水質口感不佳有藥水味或其他異味
- 濾水器出水小
- 喝一壺水再接水要等很久
- 機器造水時產生異音
- 機器漏水故障服務要等很久
- 維修費用高昂
- 同樣故障問題不斷發生
- 機器故障沒有零件備料可更換
- 訴求所銷售濾水器有醫療功能.可治百病.
- 有問題找不到廠商.或電話無人接聽
- 安裝濾水器廠商已結束營業.無法提供服務.

偉能有限公司於民國81年成立至今. 服務無數的客戶. 也知道很多客戶的困擾. 如果有飲用水問題歡迎來電連絡

剪下截角可享有免費到府檢修測水質
(所在區域需為偉能有限公司服務範圍)

總代理 WINNER® 偉能有限公司 台北市中山北路2段115巷43號5樓-

24小時服務專線 02-25617445 專案部

廣和莊老師 媽媽教室

Mrs. Juang 莊老師

主　講　人：章惠如（莊博士外孫女）或廣和專業講師

講座主題：1. 讓**「媽媽不虛胖、胎兒好壯壯」**的正確養胎方法

2. 讓妳**「越生越健康、越生越美麗」**的輕鬆坐月子方法 ～多位新聞主播及各界知名人士產後健康塑身秘訣大公開

現場好康

1.免費贈送「**如何養胎與坐月子**」教材，敬請提早蒞臨，以免向隅！

2.免費「**廣和坐月子水**」**麻油雞**及**養肝湯**料理試吃活動

3.現場訂購「**廣和住院3日月子餐**」，即**優惠**！（可刷卡）

4.現場預購「**廣和30日月子餐**」，並預付**訂金2000元**，即贈～「**莊老師系列產品**」一組，贈品總值**高達9500元！**（可刷卡）

5.現場訂購「**莊老師孕、產婦系列產品**」，即享～**市場最低價＋買10送1優惠**（可刷卡）

廣和莊老師 媽媽教室

報名表

□我要報名

★請 (1)**填妥此表**後**傳真**至報名專線：

02-2858-3769 報名

(2)或**直撥**免費報名專線：**0800-666-620**

電話報名

報名場次：區域：__________，日期：_______________

姓 名		預產期	
聯絡地址:			
預備坐月子地址:			
電 話	(日)	(夜)	
手 機			

報名專線:0800-666-620 傳真專線:02-2858-3769

★ 場次日期請上網查詢(http://www.cowa-mother-care.com.tw)
或直撥0800-666-620洽詢

持成效

享品牌

的孫女，堅持坐月
質正確的坐月子餐
的良機。

的口味上改善，滿足產婦的
。也因為這種對效果與品質
持，來自客戶的口碑行銷，
廣和在市場上最好的推廣利
尤其許多新聞台主播或演藝
人吃廣和坐月子餐，為廣和
最好的行銷宣傳。
卉如指出，企業經營，不能
商品，還必須走向企業化、
化經營。廣和民國90年開始
企業化、制度化經營，將舊
中的家庭式廚房改制成公司
的中央廚房，去年12月進駐
業總部，也建置供應北區坐
餐的中央廚房，與中部、南
中央廚房，提供全台坐月子
送服務，中央廚房並編制稽
員駐守各區中央廚房控管，
品質保障，無偷工減料、摻
慮。
的外送服務模式，產婦在
到醫院、家裡就送到家

裡，餐點內容一應俱全，包括主食、點心、蔬菜、水果、飲料及藥膳，家人完全不用再準備其他任何東西，並且首創全國服務網，一張合約書全國服務區域都適用。

企業要成長首重員工訓練

章卉如認為，企業的成長，首重從員工的教育訓練好好作起，既然廣和的首要任務，就是讓所有的產婦好好坐月子，因此每一位料、調理師，都是直接承傳莊淑旂博士的專業訓練，並且與廣和簽訂服務合約，完全依照莊博士坐月子的方法來料理、服務客戶。由於市面上部分業者，擅自打著莊淑旂完整坐月子理論的招牌搶客，讓消費者混淆，因此要求調理師必須佩戴「廣和坐月子料理外送調理師服務證」，現場以身分證件核對確認，讓孕婦放心接受廣和的服務。

章卉如表示，企業經營必須不斷提升在顧客心中的價值，為了讓產婦獲得完整的坐月子享受，廣和不只是賣坐月子餐，更提供孕婦、產婦的相關知識服務。每位孕婦、產婦，若有任何產前養胎、產後坐月子的相關問題，都能免費向專屬調理師或撥公司的免付費電話諮詢，還辦理免費講座，教導產婦如何坐好月子、養胎及試吃活動，產後也辦理媽媽教室等。

工商經營報 COMMERCIAL

尊寵產婦、

廣和打造坐月子餐

【開路尖兵】
◎文．圖／劉益昌

章卉如是坐月子餐教母
子餐外送服務事業，優
方法與觀念，把握產婦

廣和集團董事長賴駿杰、執行長章卉如（右圖）夫妻倆，一步一腳印把廣和打造成國內坐月子餐外送服務的領導品牌。章卉如說，坐月子期間是產婦重新調養身體、脫胎換骨的最佳黃金期，廣和把產婦坐月子當作是自家人坐月子般尊寵，在餐飲上堅持成效、品質第一，這是廣和在同業間脫穎而出的致勝心法。

莊淑旂理論的嫡傳人

章卉如是坐月子餐教母莊淑旂博士的孫女，也是業界公認莊淑旂完整坐月子餐理論的嫡傳人。她自民國85年創設廣和坐月子餐外送到府服務後，現在已成為國內坐月子餐外送服務的領導品牌。由於一脈傳承莊淑旂用米酒水等嚴謹古法幫產婦調製烹煮坐月子餐，讓許多產婦即使產後至坐月子中心坐月子，還是捨棄坐月子中心的餐點，改訂廣和的外送坐月子餐，這就是廣和經營上厲害的地方。

章卉如指出，她發展坐月子餐外送服務事業，第一優先要務，是推廣正確的坐月子餐方法與觀念，這比業績收入多少更為重要。因為生產是婦女一生中最重要的神聖大事，老天爺也賞賜產婦能重新調養體質的良機，這個最後黃金時刻絕對不能錯過，否則隨著年齡增長，會有許多後遺症毛病浮現。

從商品經營的角度來看，極盡所能把商品的外觀包裝設計生產得很美，固然有助於激勵商品的銷售，但她覺得更重要的是商品的品質，尤其在現代家庭少子化的現象下，產婦藉由生產重新調養體質的機會更須好好把握，坐月子餐首重效果，不是看外觀包裝設計，因此，她堅持要依照嚴謹的方法坐月子。

譬如，廣和的特色之一
堅持將三瓶米酒濃縮提
「米酒水」，專供女性
間使用，並研發「廣和
」，以米酒精華露加上
配方，用陶瓷共振技術
容易吸收的小分子，及
料理高湯」，達到完整
效果。

北、中、南都有中

章卉如指出，經營坐
業，最大的挑戰，來自
月子的偏見觀念，有時
。譬如許多產婦產後嘴
要馬上吃、喝美食，希
坐月子餐改放美食，但
坐月子不利，廣和還是
按照嚴謹的規定作坐
為幫產婦照顧好身子
任務，只好請產婦忍

廣和莊老師孕、產婦系列產品

廣和月子餐系列	訂餐單日	一日五餐，主食、藥膳、點心、飲料、蔬菜、水果，一應俱全	2,280元/日
	月子餐30日	如上述（省12,400元）	56,000元/30日
	月子餐30日+產品組合	30日餐費加莊老師仙杜康6盒，莊老師婦寶4盒	70,790元/30日
	仕女餐5日+仕女寶1盒	生理期餐5日加仕女寶1盒	6,600元/5日
坐月子、保健系列產品	養生藥膳彌月油飯A（套餐）	油飯（約9兩）+ 紅蛋 x 2 + 麻油雞或藥燉 x 2（禮盒包裝）	訂月子餐30日價：208元
	彌月油飯B（單點）	油飯（約9兩）+ 紅蛋 x 2（禮盒包裝）	訂月子餐30日價：168元
	廣和坐月子水	比米酒更適合產婦的坐月子小分子料理高湯，以『米酒精華露』搭配『獨家天然配方』特製而成	4,560元/箱（1,500cc x 12瓶/箱）(6日份)
	莊老師胡麻油	慢火烘焙，100%純的黑麻油，莊老師監製，坐月子、生理期適用	1,800元/箱（2,000cc x 3瓶）(一個月量)
	大風草漢方浴包	「坐月子」、「生理期」，擦拭頭皮、擦澡及泡腳專用!	1,200元/盒（10日量,10包/盒）
	莊老師喜寶	孕婦懷孕期養胎及更年期、授乳期所需天然鈣質等豐富營養補充之最佳聖品	2,100元/盒（90粒/盒）(一個月量)
	莊老師仙杜康	1.促進新陳代謝 2.產後或病後之補養 3.調整體質 4.幫助維持消化道機能，使排便順暢	1,500元/盒（28包/盒）（約5日量）
	莊老師婦寶	1.調節生理機能 2.養顏美容、青春永駐 3.婦女(1)初潮期 (2)生理期 (3)更年期以及坐月子期之最佳調理用品	2,100元/盒（21包/盒）（7日量）
	莊老師養要康	高科技提煉杜仲濃縮錠，莊老師監製	2,400元/盒（42錠×4罐/盒）(28日量)
	莊老師仕女寶	「莊老師仕女寶」是專爲生理期的婦女設計的天然養生保健食品，內含婦寶II15包及養要康II15包，爲生理期 5日量	2,000元/盒（30包/盒）（5日量）
	莊老師幼儿ㄑ寶	專爲4個月以上~12歲以下的嬰、幼兒設計的天然養生保健食品	2,500元/盒（60包/盒）(1~2個月量)
	DIY坐月子藥膳補帖	一份專爲坐月子的產婦所調配的階段性調理藥膳包	7,500元/箱（30天用量）
	莊老師 乃の寶	茶飲 產後哺乳者適用 15包入 重225公克 全素可食	1,200元/盒（15日量,15包/盒）
	莊老師 生化飲	產後坐月子及生理期適用 15包入 重225公克 全素可食	1,200元/盒（15日量,15包/盒）
	莊老師 神奇茶	產前、產後一般保養者適用 15包入 重225公克 全素可食	1,200元/盒（15日量,15包/盒）
	莊老師束腹帶	生理期、產後之身材保養及“內臟下垂”體型之改善不可或缺的必備用品	1,400元（2條入）950x14cm
	廣和優良叢書	請參考本書P.293“廣和孕、產婦係系列及健康系列叢書”介紹	

廣和坐月子養生機構

灣、美國廣和月子餐指定使用
公司地址：台北市北投區立功街122號
ː：http：//www.cowa-mother-care.com.tw
歡迎使用信用卡消費 ◎
服專線：0800-666-620 傳眞：02-2858-3769

✪ 銀行電匯：玉山銀行(天母分行)
帳號：0163440860629
戶名：廣和坐月子生技股份有限公司
※電匯必須來電告知以便處理
※請附上掛號費80元以便迅速寄貨！

廣和健康書十六

孕婦養胎寶典
— 懷孕、坐月子及產後半年的調理

著作指導：莊淑旂
著作人：章惠如
發行人：章惠如
業務部：賴駿杰、章秉凱
出版：廣和坐月子生技股份有限公司
銀行電匯：玉山銀行天母分行 帳號：0163440860629
戶名：廣和坐月子生技股份有限公司
(電匯必須來電告知以便處理，請附上掛號費80元以便迅速寄貨！)
登記證：新聞局臺業字第四八七二號
地址：台北市北投區立功街122號
電話：0800-666-620
傳真：(02)2858-3769
網址：www.cowa-mother-care.com.tw
印刷：達英印刷事業有限公司
總經銷：紅螞蟻圖書有限公司
地址：台北市內湖區舊宗路2段121巷28之32號4樓
電話：(02)2795-3656
傳真：(02)2795-4100
出版日期：2011年1月第二刷
ISBN：957-8807-31-7
定價：新台幣250元

◎缺頁或裝訂錯誤時・請寄回本公司更換◎

本社書籍及商標均受法律保障・請勿觸犯著作權法及商標法

國家圖書館出版品預行編目資料

孕婦養胎寶典：懷孕、坐月子及產後半年的調
理/ 章惠如 著 .-- 臺北市： 廣和,
2005【民94】
面；　公分 . -- (廣和健康叢書：16)
ISBN 957-8807-31-7 (平裝)
1. 妊娠　2 .分娩　3.婦女 - 醫療、衛生方面

429.12　　94013105